西点军校
送给年轻人的礼物

西点军校培养出两届美国总统，5 位五星上将，
3700 多名将军，数以万计的商界精英。

西点凭什么打造出如此众多的行业领袖?

李慧泉/著

WEST POINT

西点精神
一个行动胜过多个计划

台海出版社

图书在版编目（CIP）数据

西点军校送给年轻人的礼物 / 李慧泉著. —— 北京：
台海出版社, 2018.9
ISBN 978-7-5168-2104-6

Ⅰ.①西… Ⅱ.①李… Ⅲ.①男性－成功心理－通俗
读物 Ⅳ.①B848.4-49

中国版本图书馆CIP数据核字(2018)第207117号

西点军校送给年轻人的礼物

著　　者：李慧泉			
责任编辑：姚红梅		装帧设计：李爱雪	
版式设计：曹　敏		责任印制：蔡　旭	

出版发行：台海出版社

地　　址：北京市东城区景山东街20号　　邮政编码：100009

电　　话：010－64041652（发行，邮购）

传　　真：010－84045799（总编室）

网　　址：www.taimeng.org.cn/thcbs/default.htm

E－mail：thcbs@126.com

经　　销：全国各地新华书店

印　　刷：北京柯蓝博泰印务有限公司

本书如有破损、缺页、装订错误，请与本社联系调换

开　　本：880mm×1280mm　　　　1/32

字　　数：169千字　　　　　　　印　张：6.5

版　　次：2018年10月第1版　　　印　次：2018年10月第1次印刷

书　　号：ISBN 978-7-5168-2104-6

定　　价：32.00元

前言

西点军校（以下或可简称"西点"）是美国历史最悠久的军事学院。它曾与英国桑赫斯特皇家军事学院、俄罗斯伏龙芝军事学院以及中国黄埔军校并称为世界"四大军校"。西点军校的校训是"责任（Duty）、荣誉（Honor）、国家（Country）"。

西点军校，又称"美国陆军学院"，素有"美国将军的摇篮"之称。许多美军名将，如格兰特、罗伯特·李、艾森豪威尔、巴顿、麦克阿瑟、布莱德雷，以及海湾战争指挥官施瓦茨科普夫将军、美国前国务卿鲍威尔将军等均是该校的毕业生。这些名人在校期间的许多轶事至今还被西点人所津津乐道……

作为一所军事院校，不可思议的是，西点军校还培养了一批杰出的非军事领导人才。迄今为止，美国历史上有三任总统出身于西点军校，他们分别是杰弗逊·戴维斯、尤利西斯·格兰特、德怀特·艾森豪威尔。更让人震惊的是，一大批商界奇才就职或毕业于西点军校，如可口可乐、通用公司、杜邦化工、司拜瑞资讯的总裁，英特尔公司中国区总裁简睿杰，国际电话电报公司总裁兰德·艾拉斯科，美国在线创业时的CEO詹姆斯·金姆赛，康帕斯集团的总裁约翰·克利斯劳，美国东方航空公司的总裁，做过太空人的法兰克·波曼，全美第二大零售商——西尔斯的总裁罗伯特·伍德等等。

西点军校为什么能够培养出这么多出类拔萃的人才？这是一个令人惊异的秘密。今天我们就要揭开西点军校那神秘的面纱，看看它成功的背后有着怎样的独特之处。

两百年来，西点军校已经成为精神的象征。这里是振奋精神的起点，是激起斗志的平台。当你似乎丧失勇气时，在这里可以找到崛起的勇气；当你的信心快要失去的时候，在这里可以产生希望；当你似乎无法看到胜利的曙光时，在这里燃起坚定的信念……

西点精神鼓舞了一代又一代人。西点告诉我们：做事情不要寻找任何借口，对于你来说没有什么不可能，要勇往直前。作为当代的人，我们有必要走进西点的精神殿堂，循着西点的足迹，创造属于自己的辉煌！

感受西点，无须亲自走进西点，只需领略它的常青精神即可。这是一本凝缩了西点精髓的精神盛宴。翻开它，你就会体验到西点的闪光灵魂，感受到了西点精英的魅力人格。我们谨以此书献给那些心怀梦想的年轻人，希望他们能够从中体悟到人生的精华、成功的智慧，捕捉到前进的勇气、奋斗的激情。

目录

送给年轻人的第 6 份礼物：勇争第一

——没有最好，只有更好

送给年轻人的第 7 份礼物：敢于冒险

——幸运喜欢照顾勇敢的人

送给年轻人的第 8 份礼物：火一般的精神

——成功取决于你的热忱

送给年轻人的第 9 份礼物：提升自我

——努力学习，终生拼搏

送给年轻人的第 10 份礼物：全力以赴

——别只是看上去很努力

送给年轻人的第 11 份礼物：尽职尽责

——负责的人可以改变一切

送给年轻人的第 12 份礼物：没有不可能

——人生中没有失败，只有暂时的不成功

附录　西点军校校训 / 193

送给年轻人的第 1 份礼物：没有任何借口
——聪明人不找借口找方法

在西点军校，教官指导学生时常告诉他们："不要假设自己手中的剑再长一点，你就可以击败对方了。事实是，无论你的剑有多长，如果不主动进攻，也无济于事。只要你前进一步，你的剑自然就变长了。"

　　"没有任何借口"是西点军校奉行的最重要的行为准则，它强化的是每一位学员想尽办法去完成任何一项任务，而不是为没有完成任务去寻找任何借口，哪怕是看似合理的借口。其目的是为了让学员学会适应压力，培养他们不达目的誓不罢休的毅力。它让每一位学员懂得：工作中是没有任何借口的，失败是没有任何借口的，人生也没有任何借口。

"报告长官，没有任何借口"

著名的美国西点军校有一个久远的传统，遇到学长或军官问话，新生只能有四种回答：

"报告长官，是。"

"报告长官，不是。"

"报告长官，没有任何借口！"

"报告长官，我不知道。"

除此之外，不能多说一个字。其中"没有任何借口"是许多人一开始最不适应，但随后最为推崇的一句话。

新生可能会觉得这个制度不尽公平，例如军官问你："你的皮鞋这样算擦亮了吗？"你当然希望为自己辩解，如"报告长官，排队的时候有位同学不小心踩到了我"。但是，如果你只能有以上四种回答，别无其他选择，在这种情况下你也许只能说："报告长官，不是。"如果军官再问为什么，唯一适当的回答只有："报告长官，没有任何借口！"

在西点军校，接到命令时，他们"保证完成任务"，没有任何借口；遇到困难时，他们要努力寻找方法，不找任何借口；违反纪律时，他们要勇于承担责任，没有任何借口；面临挫折时，他们要挺身而出，没有任何借口！

在"二战"时期，盟军决定在诺曼底登陆。在正式登陆之前，艾森豪威尔决定在另外一个海滩先尝试一下登陆的困难。他把这个任务交给了三位部下。经过多次的讨论，那三位部下一致认为这是一次不可能成功的行动，所以他们力劝艾森豪威尔取消这个计划。后来，艾森豪威尔把这个任务交给了希曼将军，希曼将军义无反顾地接受了这一任务。这一次战斗是极其惨烈的，盟军损失将近1500人，几乎全军覆没。但是这一场战斗为后来的诺曼底登陆提供了不可多得的经验和教训，从而使诺曼底登陆一举成功。

希曼将军就是一位服从指挥、具有强大执行力的优秀将才。他接到任务后不多说一句话，就是不折不扣地去执行，这种强大的执行力来源于士兵心目中"没有任何借口"的意识。

从西点军校出来的学生许多后来都成为杰出将领或商界奇才，不能不说这是"没有任何借口"的功劳。联邦德国有机化学家齐格勒建议说："如果你能够尽到自己的本分，尽力完成自己应该做的事情，那么总有一天，你能够随心所欲从事自己要做的事情。"

尽自己的本分就要求我们勇于承担责任，承担与面对是一对姐妹，面对是敢于正视问题，而承担意味着有责任解决问题，让自己担当起来。没有勇气，承担就没有基础；没有承担，面对就没有价值。放弃承担，就是放弃一切。假如一个人除为自己承担之外，还能为他人承担，他就会无往而不胜。

人们必须付出巨大的心力才能够成为卓越的人，如果只是找个借口搪塞为什么自己不全力以赴，那真是不用费什么力气。

一个被学生的"借口"搞得不胜其烦的老师在办公室里贴上了这样的标语：这里是"无借口区"。他宣布该月是"无借口月"，并告诉所有人：在本月，我们只解决问题，我们不找借口。

找借口的代价非常大，因为你不愿正视事实，只是千方百计地想着如何推脱责任。一个令我们心安理得的借口，往往使我们失去改正错误的机会，更使我们失去进步的动力。世界上喜欢找借口的人很多，他们自欺欺人、善于为自己的错误寻找借口，结果搬起石头砸了自己的脚，受伤害的却总是自己。各类借口带来的唯一"好处"，就是让你不断地为自己的失职推脱，长此以往，你可能就会形成一种寻找借口的习惯，任由借口牵着你的鼻子走。

不要放弃，面对艰巨的任务不要寻找任何借口，寻找解决问题的办法，是最有效的复命原则。

一个习惯找借口的人是对自己不负责任的人，遇到问题就找借口推脱的人是无法成大器的。无法在实践中不断磨炼，发现自己的缺点，并不断修正，所以无法取得进步，因为当别人都在往前跑的时候，他却在原地踏步。只有抛弃借口，认真落实，我们才能与成功真正牵手结缘。

拒绝借口，用行动去落实

巴顿将军在他的战争回忆录《我所知道的战争》中，曾写到这样一个细节："我要提拔人时常常把所有的候选人排到一起，给他们提一个我想要他们解决的问题。我说：'伙计们，我要在仓库后面挖一条战壕，8英尺（1英尺=0.3048米）长，3英尺宽，6英寸（1英寸=0.0254米）深。'我就告诉他们那么多。那是一个有窗户的仓库。候选人正在检查工具时，我走进仓库，通过窗户观察他们。我看到伙计们把锹和镐都放到仓库后面的地上。他们休息几分钟后开始议论我为什么要他们挖这么浅的战壕。他们中有人说6英寸深还不够当火炮掩体，其他人争论说这样的战壕太热或太冷。如果伙计们是军官，他们会抱怨他们不该干挖战壕这么普通的体力劳动。最后，有个伙计对别人下命令：'让我们把战壕挖好后离开这里吧。那个老畜生想用战壕干什么都没关系。'"

最后，巴顿写道："那个伙计得到了提拔。我必须挑选不找任何借口完成任务的人。"

执行任务，不找任何借口地去落实，这是千百年来每个士兵乃至将军最基本的职责。军人的天职就是无条件地执行上级的命令，全力以赴地完成，即使牺牲自己的生命也在所不惜。不成功的人都有一个共同的性格特征，他们知道失败的原因，并且对于自己有着他们认为的一套托词，而成功的人却从来不找任何借口。

当西点军校毕业的格兰特将军赢得了美国内战的胜利，开辟了美国历史的新篇章后，很多人开始寻找格兰特制胜的原因。在格兰特将军做了美国总统后，有一次，他到西点军校视察，一名学生毕恭毕敬地对格兰特说：

"总统先生，请问西点军校授予您什么精神使您义无反顾、勇往直前？"

"没有任何借口！"格兰特的回答铿锵有力、掷地有声。

"如果您在战争中打了败仗，您必须为自己的失败找一个借口时，您怎么做？"

"我唯一的借口就是没有任何借口。"

哲学家艾乐勃·赫巴德说："我对自己一向是个迷，为何人们用这么多的时间制造借口以掩饰他们的弱点，并且故意愚弄自己。

如果用在正确的用途上，这些时间足够矫正这些弱点，那时便不需要借口了。"

比尔·盖茨也说："一心想着享乐，又为享乐找借口，这就是怠惰。"任何人在任何时候都能找到"充分"的理由证明"失败与我无关"，即使对于关系到自身前途和命运的问题，我们也能够找出理由来为自己开脱。当我们以别人配合不利为借口时，其实就是在纵容自己的依赖心；当我们抱怨环境不好、机会难寻的时候，其实正在姑息自己的懦弱和懒惰。

一个又一个的借口只会使我们的激情、热情和信心全都退缩到阴暗的角落里，而自己的自私、怯懦、懈怠、懒惰等却披着借口的外衣堂而皇之地登上舞台。

1861年，林肯就职总统之后发现美国对战争的准备严重不足。联邦只有一支装备简陋、训练欠缺的16000人的队伍，而它的指挥官——斯科特，已是一位75岁高龄的老将军。林肯非常清楚，为了拯救整个国家免于分裂，他需要一个具有执行力的人，林肯选定了乔治·麦克莱伦。

麦克莱伦有极高的声望且极富军事才能，但是他的一个致命弱点掩盖了其军事生涯的所有优秀表现，那就是他总是瞻前顾后，习惯于过多地思考问题，然后寻找理所当然的借口而不肯采取行动。

将近三个月过去了，麦克莱伦没有采取任何行动，林肯只能一次次督促他行动。

1862年4月9日，林肯再次给麦克莱伦写信督促他采取行动。"我再次告诉你，你不管怎样也得进攻一次吧！"在信的结尾林肯甚至恳切地写道，"我希望你明白，我从来没有这样友好地给你写过信，实际上我比以往任何时候都更支持你，但无论如何能不能不找任何借口，打上一仗？"

在林肯发出此信之后的一个月，麦克莱伦的军队继续延误战事，林肯只得在国务卿斯坦顿和蔡斯的陪同下亲临前线督战，而麦克莱伦竟然借口脱不开身不肯来与林肯会合，于是林肯撤换了麦克莱伦。1862年7月11日，林肯委任亨利·哈勒克将军为联邦军司令，这时距麦克莱伦被任命为联邦总司令的时间还不到一年。

懦弱的人寻找借口，想通过借口心安理得地为自己开脱；失败的人寻找借口，想通过借口原谅自己，也求得别人的原谅；平庸的人寻找借口，想通过借口欺骗自己，也使别人受骗。但是，借口不是理由，找借口给人带来的严重后果就是让你失去实现成功的机会，最终一事无成。

美国教育家乔治·华盛顿·卡佛说："99％的人之所以做事失败，是因为他们有找借口的恶习。"

别让借口成为一种习惯

"没有任何借口"是西点军校奉行的最重要的行为准则，它强化的是每一位学员想尽办法去完成任何一项任务的观念，而不是为没有完成任务去寻找借口，哪怕是看似合理的借口。其目的是为了让学员学会适应压力，以养成不达目的誓不罢休的毅力。它让每一个学员懂得：工作中是没有任何借口的，失败是没有任何借口的，人生也没有任何借口。

"没有任何借口"看起来似乎很绝对、很不公平，但是人生并不是永远公平的。西点就是要让学员明白：无论遭遇什么样的环境，都必须学会对自己的一切行为负责。学员在校时只是年轻的军校学生，但是日后肩负的却是关系到自己和其他人的生死存亡乃至整个国家安全的重任。在生死关头，你还能到哪里去找借口？哪怕最后找到了失败的借口又能如何？"没有任何借口"的训练，让西点学员养成了毫不畏惧的决心、坚强的毅力、完美的执行力以及在限定时间内把握每一分每一秒去完成任何一项任务的信心和信念。

西点学员们并不见得有超凡的能力，但他们却有超凡的心态。他们能够积极主动地抓住机遇并创造机遇，而不是一遇到困难就逃避退缩，为自己寻找借口。如果他们这样做的话，是不可能取得成功的。

千万别找借口！在现实生活中，我们缺少的正是那种想尽办法去完成任务，而不是去寻找任何借口的人。但是，不幸的是，在生活和工作中，我们经常会听到这样或那样的借口。借口在我们的耳畔窃窃私语，告诉我们不能做某事或做不好某事的理由，它们好像是"理智的声音""合情合理的解释"，冠冕而堂皇。上班迟到了，会有"路上堵车""手表停了""今天家里事太多"等借口；业务拓展不开、工作无业绩，会有"制度不行""政策不好"或"我已经尽力了"等借口。总之，事情做砸了有借口，任务没完成有借口。只要有心去找，借口无处不在。做不好一件事情，完不成一项任务，有成千上万条借口在那儿响应你、声援你、支持你，抱怨、推诿、迁怒、愤世嫉俗成了最好的解脱。有多少人把宝贵的时间和精力放在了如何寻找一个合适的借口上，而忘记了自己的职责和责任啊！

借口就是一张敷衍别人、原谅自己的"挡箭牌",就是一个掩饰弱点、推卸责任的"万能器"。事情一旦办砸了,就要找出一些冠冕堂皇的借口,以换得他人的理解和原谅。找到借口的好处是能把自己的过失掩盖掉,心理上得到暂时的平衡。但长此以往,因为有各种各样的借口可找,人就会疏于努力,不再想方设法争取成功,而把大量时间和精力放在如何寻找一个合适的借口上。

事实上,把事情"太困难、太无头绪、太麻烦、太花费时间"等种种理由合理化,确实要比相信"只要我们足够努力、勤奋,就能完成任何事"的信念容易得多,但如果你经常为自己找借口,你就不能完成任何事,这对你以后的职业生涯也是极为不利的。

许多人生中的失败,就是因为那些一直麻醉着我们的借口。当我们处在逆境时,只要去找借口,总是能找到的。不可否认,许多借口的确很有道理,但恰恰就是因为有很多有时还是很合理的借口可找,心理上的愧疚感就会减轻,吸取的教训就不再那么深刻,争取成功的愿望就变得不那么强烈。反之,"没有任何借口"则恰恰把你逼进了死胡同,让你没有退路、没有选择,让你的心灵上时刻载着很大的压力去拼搏,背水一战,置之死地而后生。也只有这时,你内在的潜能才会最大限度地发挥出来,你的能力也才能变得让你自己都不会相信,而成功就在不远的地方向你招手。

不知道就是还要努力

借口的实质就是推卸责任,在责任与借口之间,你的选择往往就代表着你的态度。如果选择了借口，那么就是一种不负责任的表现。

当我们确实遇到不知道的问题时，我们完全可以回答"我不知道"。

每个人的知识水平是有限的，"不知道"只是代表你现在水平还不够，还得去努力学习。"不知道"代表的并不是可耻，而是真诚与称职的表现。

不知道是诚实的表现，也是对自己和他人负责任的表现。这在某些方面恰恰是自信的表现。一个人在失去了自信的时候，容易为自己找到很多借口，这其实是一种逃避行为。

麦肯锡咨询顾问埃森·拉塞尔的一次经历很能说明问题。他说："有一天早晨，我们的客户——一家名列《财富》500强的制造公司召开了一个重要的项目推介会。我们的项目主管约翰和整个团队把说明情况的各个部分都过了一遍。我把自己的这一部分已经过完了，前一天晚上我一直干到凌晨4点才把它整理完，当时我是筋疲力尽。

"当讨论转向另一部分时（这一部分与我无关，而且我对这一部分也知之甚少），我的脑子开始抛锚了，一个劲地想睡觉。我可以听见团队的其他人在讨论不同的观点，但话从我的脑子里滑了过去，就像水从小孩的手指间流过去了一样。

"突然，约翰问了我一句：'那么，埃森，你对苏茜的观点怎么看？'我一下子就惊醒了。一时的惊吓和害怕妨碍了我集中精力回忆刚才所讨论的内容。多年在常春藤名校和商学院练就的反应让我回过神来，我提出了几条一般性的看法。当然，我所说的也许只能算是马后炮。

"如果我告诉约翰'我没有什么把握——以前我没有看过这方面的问题',可能会好一点,甚至我这样说也行:'对不起,我刚才思想抛锚了。'我想他会理解的,他以前也一定有过同样的经历,就像在麦肯锡工作的其他人一样。

"相反,我却想蒙混过去,结果便是自己信口开河了。

"几个星期之后,项目结束了,团队最后一次聚会。我们去了一家快餐店,吃了很多东西,喝了不少的啤酒。接下来,项目经理开始给团队的每一位成员分发带有开玩笑或具有幽默性质的礼物。至于我的礼物,他递给我的是一个桌上摆的小画框,上面整整齐齐地印着麦肯锡的至理名言:只管说'我不知道'。

"这是一条明智之极的建议,至今这个画框还摆在我的书桌上。"

自信的人从来不为自己找借口,任何借口都是懦弱的表现。在西点军校,一入校学员就接受了类似的训练。真诚地对待自己和他人是明智和理智的行为,有些时候,"不知道"比不负责任的借口要好得多,与其绞尽脑汁寻找借口来掩饰自己的无知,不如对自己或他人说"我不知道"。

执行,不找任何借口

西点将军布莱德雷曾说:"习惯性拖延的人常常也是制造诸多借口与托词的专家。如果你存心拖延、逃避,你自己就会找出成千上万个理由来辩解为什么不能够把事情完成。"

在西点许多人都用自己的行动为"不找任何借口"这一行为准则做了完美诠释。这其中，最著名的恐怕就是"把信送给加西亚"的罗文上校了。

安德鲁·罗文，弗吉尼亚人，1881年毕业于西点军校。作为一个军人，他与陆军情报局一道完成了一项重要的军事任务——把信送给加西亚，他也因此被授予杰出军人勋章。

美西战争爆发后，美国必须立即跟西班牙的反抗军首领加西亚取得联系。加西亚在古巴丛林的山里——没有人知道确切的地点，也无法带信给他。可美国总统必须尽快获得与他的合作。怎么办呢？有人对总统说："有一个名叫罗文的人，有办法找到加西亚，也只有他才能找得到。"

他们把罗文找来，交给他一封写给加西亚的信。罗文拿了信，把它装进一个油布制的袋里，封好，吊在胸口，划着一艘小船，四天之后的一个夜里在古巴上岸，消失于丛林中，接着在三个星期后，从古巴岛的那一边出来，徒步走过一个危机四伏的国家，把那封信交给了加西亚。但这些细节都不是重点，重点是麦金莱总统把一封写给加西亚的信交给了罗文，而罗文接过信之后，并没有问"他在什么地方"，也没有抱怨这个几乎不可能完成的任务，而是接受了命令并且尽一切努力去完成它。

罗文的事迹通过《致加西亚的信》——一本小册子传遍了全世界，并成为敬业、服从和勤奋的象征。

在西点军校新生的前辈学员中，有很多人都是"没有任何借口"这一理念最完美的执行者和诠释者。伟大的罗文上校如果不是秉持着"没有任何借口"这一最重要的行为准则把信送给加西亚，其结果将是不可想象的。

西点第69届毕业生，赛贝斯软件公司总裁马克·霍夫曼说："对西点军人来说，对上司布置的任何任务，无论有多大的困难，甚至牺牲自己的生命，他们的回答也只有一个——'是的，长官'。"

1916年，作为美国墨西哥远征军总司令潘兴将军副官的巴顿，也有过一次类似的送信经历。巴顿将军在他的日记中写道：

"有一天，潘兴将军派我去给豪兹将军送信。但我们所了解的关于豪兹将军的情报只是说他已通过普罗维登西区牧场。天黑前我赶到了牧场，碰到第7骑兵团的骡马运输队。我要了两名士兵和三匹马，顺着这个连队的车辙前进。走了不多远，又碰到了第10骑兵团的一支侦察巡逻兵。他们告诉我们不要再往前走了，因为前面的树林里到处都是维利斯塔人。我没有听，沿着峡谷继续前进。途中遇到了费切特将军（当时是少校）指挥的第7骑兵团的一支巡逻队。他们也劝我们不要往前走了，而且他们也不知道豪兹将军在哪里。但是我们继续前进，最后终于找到豪兹将军。"

西点校友莱瑞·杜瑞松上校也是这样。

莱瑞·杜瑞松在第一次奉派外地服役的时候，有一天连长派他到营部去，交代给他七件任务：去见一些人，请示上级一些事，还有些东西要申请，包括地图和醋酸盐（当时醋酸盐严重缺货）等。杜瑞松下定决心把七件任务都完成，虽然他并没有把握要怎么去做。果然事情并不顺利，问题就出在醋酸盐上。他滔滔不绝地向负责补给的中士说明理由，希望中士能从仅有的存货中拨出一点给他。杜瑞松一直缠着中士，到最后不知道是被杜瑞松说服了，相信醋酸盐确实有重要的用途，还是眼看没有其他办法能够摆脱杜瑞松，中士终于给了他一些醋酸盐。

杜瑞松回去向连长复命的时候，连长并没有多说话，但是很显然他有些意外，因为要在短时间里完成七件任务确实非常不容易。或者换句话说，即使杜瑞松不能完成任务，也是可以找到借口的。

事后杜瑞松回忆说，当时在有限的时间里，根本无暇为做不好事情找借口，只能把握每分每秒去完成任务，也就是不找借口。反过来想一想，如果杜瑞松接受了这项任务之后，首先想只有三个小时，要完成七项工作，还有这么远来回的路程，叫我怎么完成呢？这件事找谁，那件事找谁？我都不清楚，你叫我怎么完成呀。所以说，如果他要是这么想的话，那么很可能这三个小时里面他只能完成两件，甚至一件。但是杜瑞松都提前完成了，为什么能完成呢？就是因为他压根就没想到为完不成这些事情来想一些理由，找一些借口，而是接受了这个任务后就去做，拼命地做，加紧地做，最后果然完成了。

这就是西点军校"报告长官，没有任何借口"的延伸，它让人明白：无论是学长还是老板，他只要结果，而不要听你长篇大论地解释为什么完不成任务。这要求我们在平时的工作中，无论是多么重要的任务，或者说无论是多么困难的任务、多么紧急的任务，最后老板或经理、老总、领导需要看到的或想要看到的都是一个良好的结果。如果你没有良好的结果，就什么都不要跟他解释，也不用辩解。

如果你辩解的话，他即使不反驳你的话，他心里也不会认为你辩解的理由很充足，并因此原谅你，认为你做得还不错，没有功劳还有苦劳等。所谓没有功劳也有苦劳，只是办事不成功，没有效率，事后的一种自我安慰而已。

送给年轻人的第 2 份礼物：细节决定成败

——把简单的事情做好就是不简单

"天下大事，必作于细。"要想成功，我们就不能忽视生活中无处不在的诸多细节。有人打过一个形象的比方：机遇好像一位性格古怪的天使，它不喜欢盛装出场，总是喜欢乔装打扮成我们工作中的每一个细节、每一个问题，唯有心人能够把握。细节不仅能够决定最终的成败，而且代表着一个人的处世风格，代表着一个人的素养和能力。细节还是一种创造、一种功力，要想比别人更优秀，首先要做的就是在每一件小事上下功夫，抓住每一个细节。

每一个细节背后，都有伟大的力量

西点深信细节的力量，因此他们一再强调必须熟知每一个细节，从背诵一些小诗句，到擦亮扣环，再到M16的构造和使用。新学员不仅要背诵新学员知识，还要记住会议厅有多少盏灯、蓄水库有多大蓄水量，包括大声当众背诵日常行程（今天几点将做什么事）。另外，学校也很注重服装仪容的细节。

新学员要轮流报日程——站在走廊的时钟下面，大声清楚地报时："距离晚餐集合还有5分钟，穿上制服。我再重复一次，距离晚餐集合还有 5 分钟……"

新学员报日程的时候，如果有任何错误，学长都会过来质问。新学员必须背诵出当天相关的讯息：日期、值日官姓名、重要的运动或电影、距离未来的重大活动还有多少天。最后的高潮是距离历届的毕业典礼还有多久。"报告，距离毕业典礼还有215天又几分。"

西点军校学员每天都要检查服装仪容，包括擦亮皮鞋、扣环，上衣正确扎进裤子或裙子，衬衫衣叉和裤缝对直成一条线等。西点学员乔治·S·格林在"野兽营"训练期间，曾经有一次来回向班长报到了12次，才通过服装仪容的检查。每一次他到了班长房间，都有通不过的地方，比如头发没有梳好、皮鞋碰脏了、衬衫后面的衣摆露出来了、某段新学员知识没有背好等，每次都得回寝室去重新整理。也许有些人会觉得这些细枝末节无关紧要，其实这正是成功者的秘诀。

西点军校前校长潘莫将军就说过："最聪明的人设计出来的最伟大的计划，执行的时候还是必须从小处着手，整个计划的成败就取决于这些细节。细枝末节最伤脑筋。"学习细节让学员了解到追求完美并不困难，就像擦鞋一样易如反掌。只要你学会了把鞋擦亮，对于更重大的事情，同样可以做到尽善尽美，而不是由别人决定。西点军校努力训练学员养成追求完美的习惯，使其变成像呼吸一样的本能反应。

生活是由各种细节组成的，而且往往是那些看来非常偶然的细节却对我们的人生有莫大的帮助。可哪些细节会对我们有所帮助呢？这是无法预测的。一个微不足道的动作，或许会改变人的一生，这绝不是夸大其词，可以作为佐证的事例随手便能拈来。美国福特公司名扬天下，不仅使美国汽车产业在世界占据鳌头，而且改变了整个美国的国民经济状况，谁又能想到该奇迹的创造者福特当初进入公司的"敲门砖"竟是"捡废纸"这个简单的动作呢？

那时候福特刚从大学毕业，他到一家汽车公司应聘，一同应聘的几个人学历都比他高，其他人进去面试时，福特感到没有希望了。当他敲门走进董事长办公室时，发现门口地上有一张纸，很自然地弯腰把它捡了起来看了看，原来是一张废纸，就顺手把它扔进了垃圾篓。董事长把这一切都看在眼里。福特刚说了一句话："我是来应聘的福特。"董事长就发出了邀请："很好，很好，福特先生，你已经被我们录用了。"这个让福特感到惊异的决定，实际上源于他那个不经意的动作。从此以后，福特开始了他的辉煌之路，直到把公司改名，让福特汽车闻名全世界。

福特的收获看似偶然，实则必然，他下意识的动作出自一种习惯，而习惯的养成来源于他积极的态度，这正如著名心理学家、哲学家威廉·詹姆士所说："播下一个行动，收获一种习惯；播下一种习惯，收获一种性格；播下一种性格，收获一种命运。"

"天下难事，必作于易；天下大事，必作于细。"这句话精辟地指出了我们必须从简单的事情做起，从细微之处入手的道理，因为平凡的事情更加重要。如果有些事情是不好的，而且很微小，你觉得无所谓就去做了，日积月累，你就可能碌碌无为，甚至是身败名裂；如果有些事情是好的，即使很微小，你觉得有价值就去做了，日积月累，你就可能稳步高升，甚至出人头地。其实，做平凡的事情是人在社会竞争中的基础。

只有将平凡的事做好，努力把平凡的事做细，小事才能成就大事，细节才能成就完美。也许有人会问：什么样的事才是平凡的事呢？其实，小事处处存在，只是你没有细心发现。要想比别人优秀，就要在每一件小事上下功夫，认真地把事情做对、做好。

战场无小事，细节决定成败

西点军校的教育和后来的军旅生活告诉从西点军校毕业的学员们一个非常重要的道理：战场上无小事。很多时候，一件看起来微不足道的小事，或者是一个毫不起眼的变化，却能改变一场战争的胜负。"战场上无小事"，这就要求每一位军官和士兵始终保持高度的注意力和责任心，始终具有清醒的头脑和敏锐的判断力，能够对战场上出现的每一个变化、每一件小事迅速做出准确的反应和决断。"战场上无小事"也同样适用于我们每一个人，因为在我们身边也没有小事。

巴顿临危受命为第二军军长，他带着严格的纪律驱赶第二军就像"摩西从阿拉特山上下来"一样，他开着汽车转到各个部队，深入营区。每到一个部队，他都要啰唆训话，诸如领带、护腿、钢盔和随身武器及每天刮胡须之类的细则都要求士兵严格执行。巴顿由此可能成为美国历史上最不受欢迎的指挥官，但是第二军发生了变化，它渐渐地变成了一支顽强、具有荣誉感和战斗力的部队……

正是巴顿将军重视所有的细节问题，第二军才在不知不觉中开始转变，并最终取得了战争的胜利。

许多时候，我们觉得没有多大联系的一些细节却往往决定着整个事件的成败。

拿破仑是一位传奇人物，在世界各地都拥有一大批崇拜者。"这世界上没有比他更伟大的人了。"英国前首相丘吉尔曾经这样评价拿破仑。这位军事天才一生之中都在征战，曾多次创造以少胜多的著名战例，至今仍被各国军校奉为经典教例。然而，1812年的一场失败却改变了他的命运，从此法兰西第一帝国一蹶不振，并逐渐走向衰亡。

1812年5月9日，在欧洲大陆上取得了一系列辉煌胜利的拿破仑离开巴黎，率领60万大军浩浩荡荡地远征俄罗斯。法军凭借先进的战法、猛烈的炮火长驱直入，在短短的几个月内直捣莫斯科城。然而，当法国人入城之后，市中心燃起了熊熊大火，莫斯科城的四分之三被烧毁，6000多幢房屋化为灰烬。俄国沙皇亚历山大采取了坚壁清野的措施，使远离本土的法军陷入粮荒之中，即使在莫斯科，也找不到干草和燕麦，大批军马死亡，许多大炮因无马匹驮运不得不毁弃。几周后，寒冷的空气给拿破仑大军带来了致命的威胁。在饥寒交迫下，1812年冬天，拿破仑大军被迫从莫斯科撤退，到12月初，60万士兵只剩下了不到1万人，其中大部分士兵都在沿途被活活冻死。

多方面的原因导致了这场战争的失败，其中小小的纽扣也是导致拿破仑60万大军覆没的罪魁祸首。拿破仑征俄大军的制服上，采用的都是锡制纽扣，而在寒冷的气候中，锡制纽扣会发生化学变化成为粉末。由于衣服上没有了纽扣，数十万拿破仑大军在寒风暴雪中形同敞胸露怀，许多人被活活冻死，还有一些人也因此得病而死。

"千里之堤，毁于蚁穴"，细节虽小，关键时刻却起着重要的作用，细节往往能成为成大事的基础，所以只有持之以恒，用一种坚忍不拔的态度把细节做好，才能成就一番大事业。

成功与平庸只是细节的差别

5年前，A先生还在一家营销策划公司工作，当时一位朋友找到他，说自己公司想做一个小规模的市场调查。朋友说，这个市场调查很简单，他自己再找两个人就完全能做，希望A先生出面把业务接下来，他去运作，最后的市场调查报告由A先生把关，当然了，他会给A先生一笔费用。

这的确是一笔很小的业务，没什么大的问题。市场调查报告出来以后，A先生虽然看出其中很明显的水分，但他只是做了些文字加工和修改，就把它交上去了。

之后，几位朋友邀请A先生组成一个项目小组，一块儿去完成一家大型娱乐场所的整体营销方案。没想到，对方业务主管明确提出对A先生的印象不好，原来此主管正是当年那个市场调查项目的委托人。

听到这个消息后，A先生大吃一惊，但为时已晚。

事已至此，再回过头来想想，当时A先生得到的那点钱根本就不值一提，而当初的敷衍塞责却造成了现在如此大的负面影响！

在你的生活和工作中要随时谨记：没有可以随意糊弄的小人物、小事情，如果随意地忽视这些细节，必然无法达到自己的目标和要求。

人生目标，绝非一蹴而就，它是一个不断积累的过程。矢志追求者必须勇于从平凡中崛起，在淡泊中丰富智慧、孕育卓越。

约翰·布勒起初只是美国通用汽车公司整车装配线上的一名杂工，他的成功就始于工作中一次次平凡的积累。正是抱着积累平凡就是积累卓越的工作理念，他在30岁时就被擢升为公司总领班，成为通用公司最年轻的总领班。

约翰是在20岁时进入工厂的。一开始工作，他就对工厂的生产情形做了一次全盘的了解。他知道一部汽车由零件到装配出厂，大约要经过10个部门的合作，而每一个部门的工作性质都不相同。

他当时就想：既然自己想在汽车制造这一行当干出一番事业，就必须对汽车的全部制造过程有深刻的了解。于是，他主动要求从最基层的杂工做起。杂工不属于正式工人，也没有固定的工作场所，哪里有零活就要到哪里去。因为这项工作，约翰才有机会和工厂的各部门接触，对各部门的工作性质也有了初步了解。

在做了一年半的杂工之后，约翰申请调到汽车椅垫部工作。不久，他就把制椅垫的手艺学会了。后来他又申请调到点焊、车身、喷漆、车床等部门去工作。在不到5年的时间里，他几乎把这个厂的各种工作都做过了。最后他又决定申请到装配线上工作。

约翰的一位朋友杰克对约翰的举动十分不解，他问约翰："你已经工作5年了，总是做些焊接、刷漆、制造零件的小事，恐怕会耽误前途吧？"

"杰克，你不明白。"约翰笑着说，"我并不急于当某一部门的领导。我以领导整个工厂为工作目标，所以必须花点时间了解整个工作流程。我正在把现有的时间做最有价值的利用，我要学的，不仅仅是一个汽车椅垫如何做，而是整辆汽车是如何制造的。"

当约翰确认自己具备管理者的素质时，他决定在装配线上定下来。约翰在其他部门干过，懂得各种零件的制造情形，也能分辨零件的优劣，这为他的装配工作带来了不少便利。没过多久，他就成了装配线上最出色的人物。很快，他就晋升为领班，并逐步成为15位领班的总领班。如果一切顺利，他将在一两年内升为经理。

在工作中，没有任何一件事情小到可以被抛弃，也没有任何一个细节细到应该被忽略。从事同样一种平凡的工作，不同的人会有不同的体会和成就。不屑于做小事的人做起事来十分消极，只会糊弄工作；而积极的人则会安心工作，把做小事作为锻炼自己、深入了解公司情况、加强公司业务知识、熟悉工作内容的机会，利用小事去多方面体味，增强自己的判断能力和思考能力。

俗语说得好："罗马不是一天建成的。"既然一天建不成辉煌的罗马，那我们就应当专注于建造罗马的每一天。这样，把每一天连起来，终将建成一个美丽、辉煌的罗马。

我们要实现卓越的人生，就要注重工作中平凡的积累。为了达到大目标，就要先设定小目标，这样就比较容易达到目的。许多人会因目标过于远大或理想太过崇高而轻易放弃，这是很可惜的。若设定了小目标，便可较快获得令人满意的成绩。你在逐步完成小目标时，心理上的压力也会随之减小，大目标总有一天能达到。

成功人士和平庸之辈的差别，就在于前者注重积累，注意利用身边的每一件小事锻炼自己，将生活中一个个平凡的目标当成自己实现卓越的阶梯，而后者只会好高骛远，轻率冒进，或者因为目标难以达到而放弃奋斗。

要成就大事，必须先做好小事

人们都想做大事，而不愿意或者不屑于做小事，然而想做大事的人太多，愿意把小事做好的人太少。事实上，多数人所做的工作还只是一些具体的事、琐碎的事、单调的事，这些事也许过于平淡，也许鸡毛蒜皮，但这就是工作，就是生活，是成就大事不可缺少的基础。所以无论做人、做事，都要注重细节，从小事做起。一个不愿做小事的人，是不可能成功的。要想比别人更优秀，只有在每一件小事上下功夫。不会做小事的人，也做不出大事来。

有一次，日本狮王牙刷公司的员工加藤信三为了赶去上班，刷牙时急急忙忙，结果牙龈出血。他为此大为恼火，上班的路上仍十分气愤。

后来，他和几个要好的伙伴提及此事，相约一同设法解决刷牙容易伤及牙龈的问题。

他们想了不少解决刷牙造成牙龈出血的办法，如把牙刷毛改为柔软的狸毛，刷牙前先用热水把牙刷泡软，多用些牙膏，放慢刷牙速度，等等，但效果均不太理想，后来他们进一步仔细检查牙刷毛，在放大镜底下，发现刷毛顶端并不是尖的，而是四方形的。加藤想："把它改成圆形的不就行了！"于是他们着手改进牙刷。

经过实验取得成效后，加藤正式向公司提出了改变牙刷毛形状的建议，公司领导看后，也觉得这是一个特别好的建议，欣然把全部牙刷毛的顶端改成了圆形。改进后的狮王牌牙刷在广告媒介的作用下，销路极好，销量直线上升，最后市场占有率达到40％左右，加藤也由普通职员晋升为科长，十几年后成为该公司的董事长。

牙刷不好用，在一般人看来都是司空见惯的小事，所以很少有人想办法去解决这个问题，机遇也就从身边溜走了。而加藤不仅发现了这个小问题，而且对小问题进行了细致的分析，从而使自己和所在的公司都取得了成功。

看不到细节，或者不把细节当回事的人，对工作缺乏认真的态度，对事情往往敷衍了事。这种人无法把工作当成一种乐趣，因而在工作中缺乏热情。而考虑到细节、注重细节的人，不仅认真地对待工作，将小事做细，并且注重在做事的细节中找到机会，从而使自己走上成功之路。

普通人多数时候都在做一些小事，怕只怕小事也做不好，也做不到位。身边有很多人，不屑于做具体的事，总盲目地相信"天将降大任于斯人也"。殊不知，能把自己所在岗位的每一件事做成功、做到位，就很不简单了。如果力不及所当，才不及所任，必然祸及己身，导致混乱。所以，重要的是做好眼前的每一件小事。所谓成功，就是在平凡中做出不平凡的坚持。

"海不择细流，故能成其大；山不拒细壤，方能就其高。"任何一位成功者都是磨炼出来的，人的生命具有无限的韧性和耐力，只要你始终如一、脚踏实地做下去，无论什么处境，无论大事、小事，都不应放松自我。专注做好每一个细节，你便可以创造出令自己和他人都震惊的成就。

不积跬步，无以至千里；不积小流，无以成江河。想成就一份功业，必须付出坚强的心力和耐性。你想凭侥幸靠运气夺取丰硕的果实，运气永远不会光顾你。也许你勤奋地工作，到头来却家徒四壁，一事无成。但是，如果你不去勤奋工作，你就肯定不会有所成就。所以，如果你想成功，就要去做，马上做，即使是小事也当如此。

小事成就大事，细节成就完美

关注生活中的细节，让每一个细节都为成功服务。我们必须时时刻刻考虑到细节，因为注重细节的人，不仅要认真对待工作，更要将小事做细，因为小事成就大事，细节成就完美！

希尔顿饭店的创始人、世界旅馆业之王康拉德·希尔顿就是一个注重小事的人。康拉德·希尔顿要求他的员工："大家牢记，万万不可把我们心里的愁云摆在脸上！无论饭店本身遭到何等的困难，希尔顿服务员脸上的微笑永远是顾客的阳光。"正是这小小的永远的微笑，让希尔顿饭店的身影遍布世界各地。

其实，每个人所做的事情，都是由一件件小事构成的。要想把每一件事做到完美，就必须付出你的热情和努力。

有一篇故事，说一位先生登报招聘一名办公室勤杂工。约有五十多人前来应聘，但这位先生只挑中了一个男孩。"我想知道，"他的一位朋友说，"你为何喜欢那个男孩？他既没带一封介绍信，也没有任何人推荐。"

"你错了，"这位先生说，"他带来许多介绍信。他在门口蹭掉了脚下带来的土，进门后随手关上了门，说明他做事小心、仔细；当他看到那位残疾老人时，立即起身让座，表明他心地善良、体贴别人；进了办公室他先脱去帽子，回答我的提问时干脆果断，证明他既懂礼貌又有教养；其他所有人都从我故意放在地板上的那本书上迈过去，而这个男孩却俯身拾起它并放回桌子上；他衣着整洁，头发梳得整整齐齐，指甲修得干干净净。难道你不认为这些就是最好的介绍信吗？"

当然，这则故事中那位先生观察人的艺术是很值得称道的。但是，那位男孩的一言一行，确实很成功地"推销"了他自己。他在这些小节上的所作所为，要比长篇大论的推荐信要有效得多。

美国标准石油公司曾经有一位小职员叫阿基勃特。他在出差住旅馆的时候，总是在自己签名的下方，写上"每桶4美元的标准石油"字样，在书信及收据上也不例外，签了名，就一定写上那几个字。他因此被同事叫作"每桶4美元"，而他的真名倒没有人叫了。

公司董事长洛克菲勒知道这件事后说："竟有职员如此努力宣扬公司的声誉，我要见见他。"于是邀请阿基勃特共进晚餐。

后来，洛克菲勒卸任，阿基勃特成了第二任董事长。

在签名的时候署上"每桶4美元的标准石油"，这算不算小事？严格说来，这件小事还不在阿基勃特的工作范围之内。但阿基勃特做了，并坚持把这件小事做到了极致。那些嘲笑他的人中，肯定有不少人才华、能力在他之上，可是最后只有他成了董事长。

还有一些人因为事小而不愿去做，或抱有一种轻视的态度。有这么一个故事，据说，在开学第一天，苏格拉底对他的学生们说："今天咱们只做一件事，每个人尽量把胳臂往前甩，然后再往后甩。"说着，他做了一遍示范。

"从今天开始，每天做300下，大家能做到吗？"学生们都笑了，这么简单的事，谁做不到？可是一年之后，苏格拉底再问的时候，全班却只有一个学生坚持下来。这个人就是后来的大哲学家柏拉图。

"这么简单的事，谁做不到？"这正是许多人的心态。但是，请看看吧，所有的成功者，他们与我们都做着同样简单的小事，唯一的区别就是，他们从不认为他们所做的事是简单的小事。

成功不是偶然的，有些看起来很偶然的成功，实际上我们看到的只是表象。正是对一些小事情的处理方式，昭示了成功的必然。无论是"每桶4美元的标准石油"还是"把胳臂往前往后甩"，它们都要求人们具备一种锲而不舍的精神，一种坚持到底的信念，一种脚踏实地的务实态度，一种自动自发的责任心。小事如此，大事亦然。

世上没有渺小的事情，只有渺小的心态；世上没有了不起的人物，只有了不起的心态。

细节决定成败，应该是我们每个人都会说、都能懂的一个道理。但是在我们的生活中，想做大事的人很多，但愿意把小事做细的人很少。细节就像存在于空气中的灰尘一样，看不到扬起或落下便无影无踪了。看不到细节，或者不把细节当回事的人，他本人就会对工作缺乏认真的态度，对事情敷衍了事；这种人无法把工作当成一种乐趣，而只是会当一天和尚撞一天钟，因而在工作中缺乏热情，他们只能永远做别人分配给他们做的工作，甚至即便这样也不能把事情做好。

送给年轻人的第 3 份礼物：荣誉至上

——男人一生要为荣誉而奋斗

西点军校的校训是"职责（Duty）、荣誉（Honor）、国家（Country）"，它包含了下列基本道德价值：要求每一个军官树立献身本职、兢兢业业、老老实实的敬业精神；以值得尊敬的，勇敢而无私的服务来效忠美国及其宪法；尊重并维护他人的尊严和财产。西点军校的旗帜、标志、徽章、装潢和纪念品上，常常使用这三个词，西点军校的校训在校园里到处可见。

在西点军校，荣誉制度和纪律规定相比似乎前者更引人注目，更有权威，也更严厉。学员们也必须用荣誉体系来规范自身的一言一行，把荣誉和责任看作是立身之本。背离荣誉准则的处罚一般也要比违反纪律的处罚来得严重。

职责、荣誉、国家

荣誉是诚信与信誉的结合，是一个人内心深处的人格追求，而不仅仅是契约责任。西点军校曾做过如下规定：学员的每句话都应当是确切无疑的。他们的口头或书面陈述必须保持真实性，故意欺骗或哄骗的口头或书面陈述都是违背西点军校荣誉准则的。

在西点军校，所有的门都没有锁，如果学生需要什么东西，譬如说一本书，可以到别的同学房里借用一下。如果房间里没有人，借用的人至少要留张字条，说明他把书借走了，就只需这样简单的手续即可。在严格的早操训练中，没有人点名，只需班长回答人到齐即可，这就是信任。但是没有人会撒谎，因为撒谎的后果是毁掉你所有的荣誉，并且你的同伴也会因此丢掉自己的荣誉，处罚更是相当的严厉。在西点人的眼里，信任本身就是对你的一种尊重，而你利用了别人对你的尊重，这是一件让人不齿的事，你不但会因此失去眼前的一切，还会失去你一生的名声。

1919年6月，39岁的麦克阿瑟被任命为西点军校校长。他时刻把"职责、荣誉、国家"作为治校的座右铭。学校体育馆的上方放着一块匾，上面镌刻着他的一句话："今天在友好场地上撒播下的种子，明天在战场上将收获胜利的果实！"1962年，他对西点学员，说了下面这些话：

"你们终生要以军旅为家，要一心想着胜利。在战争中，你们必须知道是没有任何东西能代替胜利的；如果战败了，我们整个国家就会灭亡；在你们的使命中，必须牢记职责、荣誉、国家。"

重视个人荣誉，关注集体荣誉，时时刻刻捍卫个人与集体的荣誉，相信这样的员工无论走到哪里都能获得成功。对于一个企业来说，培养每个员工的荣誉感，以荣誉准则来约束所有的企业成员的行为是十分有效的。

自1898年西点军校把"职责、荣誉、国家"正式定为校训以来，西点军校特别重视对学员品德的培养。他们反复强调，西点军校仅仅培养管理人才是不够的，必须是品德高尚的管理人才。因此学员从进校的第一天起，就被灌输西点军校的基本价值观，即正直诚实和尊重他人的尊严。

荣誉教育完善学员人格，促进道德全面发展。西点军校培养的不仅是一名军人，还是社会的精英，这是在它的办学过程中最为引人注目的地方。

西点军校官方认可的正式使命：教育、培训和激发军校生，从而使每一个毕业生都成为有道德品格的军人领袖，致力于实现职责、荣誉、国家这三大价值；寻求作为一名陆军军官在专业上不断地发展进步；为国家献出终生不渝的无私服务；把西点军校学生培养成"一个无敌的战士、一个忠诚服务于国家的仆人、一个掌握高级技能的专业人才、一个有品德情操的领袖。"

1971年，在由肯塔基州西点协会主持的创办人纪念日集会上，马修·李奇微将军在集会上讲了话，他说："从塞耶创办军校开始到现在，西点一直是高标准品德取之不尽、用之不竭的源泉。它通过它的毕业生们把这种品德灌输到整个军官团，再通过他们传给军士们。我知道，这种高标准的道德力量是没有任何东西可以代替的，绝对不能对社会上的低标准让步，绝不能有损于这一道德规范。"

西点军校校友会主席保罗·W·汤普森也发表了总结西点军校也总结自己一生的讲话，其中讲道："一个门外汉，当他仔细思考军校领袖们必须准备好承担的责任时，也可以看出事情的核心和重点并不是教育技术和训练（相对而言，这一切都可以看作是当然的事），而关键的是品格。肩挑重任的人必须具有特殊的气质，才能挑得起这个担子。他的学业可以上下浮沉，但却不能失去这种品格和气质。细细考虑这种品格和特殊气质的养成，人们不禁要回想起西点军校的那些戒律——那些戒律同培养品格息息相关，而与书本学习的关系却是偶然性的。确实如此！在这里，我引用一位伟大的诗人和名将的话：'今后，在其他场合，这些戒律将带来胜利——可能是在关键性的情况下带来胜利。'"

荣誉课程最终是教导学员不仅认同同辈，更重要的是认同光荣的机构共同价值观。能够认同大我，而不仅是一己小我，有助于个人随时不忘团队的共同利益。学员得以不断拓展自我，重新评估自己的定位、在团队中的角色，以及在大我中的角色。其忠诚不仅是针对一己的技能，或是所属的一班、一排，而是针对整个西点军校，以及西点所代表的价值体系。这可以称为双重的忠诚。

西点军校的双重忠诚造就了它的百年经典，同时也造就了个人的辉煌。

人生需要荣誉

为从正面培养和鼓励军校生的荣誉感，西点军校给军校生的荣誉和名誉方面加上了实实在在的好处，而且像信用资本一样，还可以增值。一旦进入第一或前几名，该军校生的生活便会进入一个"良性循环"：拿到各种奖章乃至勋章，从而得以建立良好的个人档案；成为军校生军团的某级长官，来对同学发号施令并享受下属军校生的种种"服务"；享受各种特权和更多的个人时间，比如每天可以多睡一会儿以及每周可以少和大家一起吃饭；可以选修高层次和多学分的课程，用同样的时间赢得比其他人多得多的学分；能获得各种学习和实习的机会，包括陪同来访的名流要人和上司的机会；获得离军营较近的校内停车场地；可以更多地自由外出乃至直接得到各种奖金等。更重要的是，毕业生是按他们的排名来挑选工作去向的，排名越高，就越有希望到自己最想去的地方。西点军校的各个系，经常从本系的优秀毕业生里早早地半公开地物色人选，选送研究生院深造后再回西点军校担任军人教官。

如果能在全校性的排名中位列前几名，比如得了校里某一活动，如跑步、射击、外语等的冠亚军，上了校长的荣誉名录或进入全年级乃至全军校生军团的一到三项单项尤其综合排名的前列名次，则该军校生就成了明星。荣誉、奖励、机会、权利就会源源不断地向他涌来，他的未来也就与其他的军校生大不一样了。

很多美军里叱咤风云的名将，当年都是西点军校里某一项乃至综合排名的佼佼者。最出名的当属各门全优的标准西点人道格拉斯·麦克阿瑟了。作为一个特殊的荣誉，每年凡是排名在前百分之五的最佳西点军校毕业生，都会从毕业典礼的演说主宾（常常是美国总统或美军最高首长）的手上，直接接受毕业证书。

人生需要荣誉，没有荣誉的人生是漆黑的，正像英国诗人拜伦在诗集中所说的："情愿把光荣加冕在一天，不情愿无声无息地过一世。"

荣誉带来信心和力量

在美国海军陆战队，每个队员都持有一种卡片，正面写着"荣誉、勇气、职责、诚信"，反面写着陆战队员需恪守的八项准则，这就是陆战队的核心价值卡。

陆战队使用核心价值卡的惯例始于1995年。每个队员都要在卡片上署上姓名，并随身携带。各级长官会不时地抽查，要求队员背诵或解释卡片上的内容。在新兵训练营中，教官们更是想尽一切办法，随时要求学员背诵卡片上的内容。

每个陆战队员都要在核心价值卡上签名，代表着一种承诺、一种责任，也意味着他们必须始终考虑到集体的荣誉！一个人进入了西点军校，就进入了荣誉环境，必须以维护集体荣誉为己任。

在这样的环境里，每个学员都知道如何坚持以高标准的诚实来建立自信、信任和彼此间的尊重。每个人都能享受集体荣誉所带来的光荣和益处，也有义务维护这样的荣誉，节省管理成本，增强团队凝聚力与战斗力。当我们时刻考虑集体荣誉的时候，它也会反过来带给我们信心和力量。

西点军校毕业生杰夫·基恩是华盛顿特区联邦住宅公司监督办公室的一位管理人员。基恩还记得他人生中的一个转折点，经过那次转折，"集体"这一理念在他脑海中变得更加具体化和人性化了。

20世纪80年代，基恩还是一名年轻的西点军校学员，在佐治亚州本宁堡的美国陆军步兵学校完成了空降基础课程。降落伞是按固定位置列队摆放的，这意味着所有伞兵需要做的就是跳出舱门，降落伞会在几秒钟内打开。在规定的夜间跳伞训练中，基恩很庆幸自己位于准备跳伞的受训者行列中间，因为排在中间是最有利于缓解紧张情绪的。

"如果有恐惧感，那么排在队伍后面的人会觉得跳伞太过困难，而你也没有躲避、退让的机会，位于队列前面意味着你可以看到舱外，这对你的勇气也是十分严峻的考验。"他如是说。

看着让人迷茫的黑色夜空会让排在前面的人更难完成任务。在一个人挨着一个人的队列中，站在中间位置可以使人得到些许的安慰，前后人群的不停移动可以帮助他克服跳出机舱的强烈恐惧感——随着每个人的跳离，这种恐惧感不是越来越弱，而是越来越强烈。

当飞机飞临跳伞区上空，在跳伞长的指挥下，队列移动得轻快起来，学员们一个接着一个迅捷成功地跳出舱门。基恩快速地跑到门口，他知道自己一旦离开舱门，就没有别的选择，剩下的就是检查降落伞，体会那种传遍全身的兴奋感觉，享受滑向地面的喜悦。

就在此时，跳伞长忽然拦住了他，"停下！"跳伞长叫道，"我们会再飞回来的！现在你们到下一个降落区降落！"

到下一个跳伞区，基恩就排到了队伍的最前面，离开飞机的所有恐惧感一下子摆在了他的面前，寒冷的空气，漆黑的夜空。飞机穿过了云层后，跳伞长看着基恩："你——站到门口去！"

基恩犹豫了一下，用双手紧紧抓住打开的舱门两边，好不容易才站稳了，这时夜风猛烈地向他扑了过来。脚底下除了黑暗什么也看不见，就像一个无底深渊。跳伞长看出了他的恐惧，挨到基恩的跟前，问道："很害怕，是吗？"

回想起那一时刻，基恩仍心有余悸："说实话，我真的都快退缩了，可我也将因为没有完成这项训练而被取消成绩。"

那么，是什么让他没有退缩呢？"我回头看了看站在我后面的受训同伴，"他说，"那一刻，我比以前有着一种更为强烈的体会，我是这个团体的一分子。胆小退缩，拖我们团队的后腿，脑子里哪怕闪过这样的偏差都让我马上觉得羞愧难当。我知道这听起来有些俗气，但我那天晚上的一跳真的不是为了我自己，而是为了一群我几乎不认识的美国士兵。谢天谢地，我与我的团队一起跳出了飞机舱门，为我的团队！"

基恩跳了下去，融进了夜空，一分钟后，他顺利地落到了伸手不见五指的草原上。第二天太阳出来后，他们将完成第五跳也是最后一跳，戴着空降联队的徽章毕业。

脱离了团队的基恩是胆怯的，而集体的荣誉感则让他恢复了勇气与力量。

为了维护西点军校的荣誉，西点人还成立了荣誉委员会，处理一切有关荣誉的问题。凡是发现了有损集体荣誉的事，一律交给审判庭裁决，一旦发现有人确实做出违背荣誉原则的事情，一定严惩不贷。

在这种以荣誉立样、以名誉为本的环境里，西点人对自身的声誉也很看重。军校各系的许多举措、活动和传统都反映了西点人关心自身形象和陆军声誉的心态。为了把好言论关，避免不必要的麻烦和影响，西点军校的官兵在接受采访时都必须得到上司的批准，否则不能用西点军校的名义。西点军校教官在任何学术会议上宣读论文或发言之前，都必须做一个简短的声明："我的文章、发言不代表美国政府、美国国防部或美国军队的观点。"此外，为了搞好与老百姓的"公共关系"，保持一个良好的军队形象，美军一些基地或军舰常常搞些公开参观活动。无论谁来访，西点人总是毕恭毕敬，口口声声地"感谢支持"，并反复解释他们如何保家卫国，彬彬有礼地阐明他们一点也没有浪费纳税人的钱。为了维护其形象，美军对一些被报道和揭露的军中丑闻，也是反应迅速、处理果断。

可以说，西点军校在维护集体荣誉方面是不遗余力的。上至校长，下至普通学员，莫不以西点军校为荣，自觉地维护着学校的形象。

荣誉可以增强团队的向心力。每个人都应该把集体视为自己最重要的平台，珍惜它的荣誉，重视它的成败，从心底对集体的文化产生认同感。一个人如果致力于集体的发展，用自己的努力为集体添砖加瓦，而非鼠目寸光、得过且过地生活，那他必定是个能给集体带来巨大荣誉的人。在集体兴旺发达的时候，他就会有巨大的成就感和荣誉感，而集体也将以拥有这样的成员为荣。

坚守荣誉的准则

在西点军校，让所有人最感到自豪的就是著名的荣誉准则——"每个学员绝不撒谎、欺骗或盗窃，也绝不容忍其他人这样做"。

西点军校培养的不仅是一名军人，还是社会的精英。在西点军校，荣誉就是一切，而撒谎是最大的罪恶。

信誉与诚实紧密相关，学员必须获得信誉。只有通过准确无误的口头或书面陈述，才能获得荣誉。

在西点军校，学员必须保证报告在呈递前后的准确性。假如报告上交了，后来又发现其中有不准确之处，必须尽早报告新的情况。

每个人都要对自己所说或者所写的陈述负责。只有做到客观、准确、无误，才能赢得荣誉。西点军校的价值观认为，如果学生为自身利益采取欺骗行为，或帮别人这样做以期获得不正当的利益，就是以欺骗方式违反了荣誉准则。

1966届有一位不幸的新学员，由于过不惯冷峻单调的生活而心慌意乱，跑去参加一个学员的宗教团体晚会，想在那里找到几小时的安慰。按照章程规定他是有权参加这个聚会的，但是他以为自己是不可以去的，于是偷偷在缺席卡上填了"批准缺席"。

晚上回到宿舍后，他回顾了自己的所作所为，左思右想总觉得自己犯了罪。于是，他向学员荣誉代表坦白交代了。也是在这个时候，他才知道自己是有权参加那个聚会的。

但是一切都已经晚了，虽然他的行为一点也没有违反校规，但荣誉委员会认为他有违反荣誉准则的动机，因而有错，第二天他就被开除了。

西点军校的荣誉，是不容任何违背和挑衅的。

"为荣誉而战！"这是多么感人的声音啊！如果把这个声音放在学习中，那就是——"为荣誉而学习！"努力学习，在捍卫集体荣誉的同时，也树立了你自己的荣誉，受到了别人的尊重。

荣誉是一个人宝贵的财富之一，可称之为"无形资产"。荣誉也是个人奋斗的动力，是一种实现自我价值的方式。心里有荣誉感的人，会为了崇高的荣誉而战、而奋斗，从而激发出自身的潜能，在事业中做出更大的成就。

荣誉就是你的生命

"今天早晨，当我走出旅馆时，看门人问道：'将军，您上哪去？'一听说我要去西点军校，他说：'您从前去过吗？那可是个好地方！'这样的荣誉是没有人不深受感动的。长期以来，我从事这个职业，又如此热爱这个民族，能获得这样的荣誉简直使我无法表达我的感情。

"然而，这种奖赏主要并不意味着对个人的尊崇，而是象征一个伟大的道德准则：捍卫这块可爱土地上的文化与古老传统的那些人的行为与品质的准则。

"这就是这个大奖章的意义。

"无论现在还是将来，它都是美国军人道德标准的一种体现。

"我一定要遵循这个标准，结合崇高的理想，唤起自豪感，同时始终保持谦虚……"

　　这是1962年5月，82岁的麦克阿瑟应邀来到他的母校西点军校，接受军校的最高奖励——西尔维纳斯·塞耶荣誉勋章，并检阅了学员队后发表的告别演说。

　　荣誉是职业军人的行为标志，也是军事生涯的重要组成部分。西点军校的基本教育方针指出：责任和荣誉是军事职业伦理观的基本成分，它们鼓舞并指导毕业生努力报效国家。荣誉起着某种完美观念的作用，这一作用既可以使爱国主义精神长存，又可以提供一种度量责任履行程度的天平。

　　这无疑充分说明了荣誉的重要性，荣誉肩挑着责任和国家。

　　西点军校把荣誉看得非常重要。新生刚入学，首先就要接受十六个小时的荣誉教育。之后，西点军校又以不同的方式将荣誉教育体系贯穿于四年学习生活的始终。目的就是让每一个学员逐步树立一种坚定的信念——荣誉是西点军校人的生命。

　　陆军的菲尔将军说："在西点军校，荣誉制度是非常重要的，我认为这一荣誉制度是西点军校不同于其他学校的关键所在。我非常珍惜这一制度，如果我们去掉它，我宁愿从后备军官训练团和候补军官学校接收陆军军官，而把西点军校忘掉，这就是荣誉制度的重要性。"

　　"荣誉就是你的生命"，这种理念赋予了西点军校毕业生热情、自豪和卓越的领导能力。

　　西点军校的毕业生无论是在哪个行业，哪怕是领最低的薪水，他们也会觉得自己是这一伟大事业中很重要的一分子。

　　Korn/Ferry公司总裁杰夫·钱皮恩是西点军校1972年的毕业

生。他认为，"做人和做生意一样，首先要讲究正直，因为正直给你带来的荣誉也会让你得到最大的回报。"

杰夫退役后曾在一家机器公司做销售经理。有一段时间，他的运气特别好，半个月就同25个顾客做成了生意。但是他发现他所卖的这种机器比别家公司的贵了一些。他想："如果顾客知道了，一定会认为我在欺骗他们，会对我的信誉产生怀疑。"他为此深感不安，立即带着合约和订单，逐家拜访客户，如实地向客户说明情况，并请客户重新选择。

他的行动让每一位客户都很感动，为他带来了良好的荣誉，大家都认为他是一个正直、值得信赖的人。结果，25个客户中没有一个人解除合约，反而给他介绍了更多的客户。

杰夫冒着解除合约、蒙受利益损失的风险，用自己的正直、诚信维护了个人的荣誉。

正是因为他看重自己的荣誉，才获得了客户更多的信任与尊重，非但没有蒙受损失，反而还获得了更多的客户。

荣誉是正直的人的嫁妆，是甘美的报酬，是加于廉洁无私的爱国者那思虑深重的头上或是胜利的勇士那饱经风霜的头上闪光的桂冠。

西点军校认为，荣誉教育可以激发学员的荣誉感和责任感，可以化作强烈的内在动力，帮助每个学员完成学业，取得成就，进而影响学员的一生。

荣誉是人生中的最大资本，有了它，你才可以赢得别人的信任和尊敬。一个名誉扫地的人，会遭到大多数人的排斥，很难树立良好的个人形象，维护和谐的社会关系。

　　成功之树需要我们用完善的品德去浇灌才能收获果实。年轻人绝不能为向某种低下的社会道德让步而放弃自己的荣誉道德准则。有时不是我们缺乏成功的机会，而是我们没有强迫自己去修炼自身的品格，来把握这些机会。

送给年轻人的第 4 份礼物：受人欢迎

——做谦虚有礼貌的人

两百多年来，西点军校在培养大批军事家的同时，还为美国培养和造就了众多的政治家、企业家、教育家和科学家。其中著名的有美国第18任总统格兰特、第34任总统艾森豪威尔、第59任国务卿黑格，国际银行主席奥姆斯特德，军火大王杜邦，巴拿马运河总工程师戈瑟尔斯，第一个在太空中行走的宇航员怀特，前任国务卿鲍威尔等。

　　俗话说得好："得人心者得天下。"西点军校是一所培养领袖的学校，在平时的课程中也十分强调对个人魅力的培养。

美好的行为仪表带来更多快乐

人都有一定的自尊心，要想别人尊重你，首先便要尊重别人。一个不尊重别人的人，是绝不会得到别人的尊重的。在人们的交往中，自己待人的态度往往决定了别人对我们的态度，就像一个人站在镜子前，你笑时，镜子里的人也笑；你皱眉，镜子里的人也皱眉；人对着镜子大喊大叫，镜子里的人也冲你大喊大叫。所以，我们要获取他人的好感和尊重，首先必须尊重他人。

西点军校认为要想建立军官与其上下级之间的牢固关系，就必须相互尊重、信任。这一关系中尤为重要的是领导者要培养中下级的人格，不论种族和性别都要公正待人。

西点军校两百年的历史铸造了其完整突出的军营风格，教官一律是"长官"。教官，尤其是直接管理军校生的军事事务教官和军事战术教官的吩咐，则一律是军令，不得有误。下级见到上级，须先主动敬礼，然后目送上级走过，得到还礼"批准"后才可以继续前进。每堂课前，班长都要喊口令，全班起立。迟到者必须站在门口，立正行军礼，直到教官注意到并明示允许才能进来就座。据说有些严厉的军人教官竟会让迟到仅几秒钟的学生在门口一直立正敬礼，站上一堂课。按照校规，迟到的军校生每次都要记录在案，酌情予以惩罚。

这样的训练不仅使西点军校的学员学会对他人的尊重、忠诚服从，更使得西点军校的学员在离开西点军校走入社会后成为同样受欢迎的人。

一个人的礼貌、礼仪常常是给人的最初也是最直观的印象。良好的教养本身就是财富。举止优雅的人离开了金钱也能够成功，秘密就在于他们拥有世界各地最受欢迎的通行证——礼。所有的大门都向他们敞开，所有的人都欢迎他们，为什么呢？就因为他们带去了温暖和尊重。

苏联宇航员加加林乘坐东方号宇宙飞船进入太空遨游了108分钟，成为世界上第一位进入太空的宇航员。加加林在二十多名宇航员中之所以能脱颖而出，起决定作用的却是一个偶然的事件。

原来，在确定人选前的一个星期，主设计师罗廖夫发现，在进入飞船前，只有加加林一人脱下鞋子，只穿袜子进入座舱。就是这个细节使加加林一下子赢得了罗廖夫的好感，他感到这个27岁的青年如此懂得规矩，又如此珍爱他为之倾注心血的飞船，于是决定让加加林执行这次飞行任务。

无论是否有机会接受良好的教育，无论你的社会地位高低或财富多少，无论你的志向有多远大，只要你想要成功，你就应该要求自己开始注意一些生活中看起来琐碎的小事。说一句简单的"谢谢"，对任何一位服务员都给以友好的称赞，即使服务是有偿的；由于你给他人带来了不便和打扰，真诚地说一声"对不起"；设身处地站在别人的立场来看待问题，考虑别人的感受；耐心倾听别人的谈话，对其谈话内容表现出兴趣，这些都是我们通常所说的礼貌，都是我们应该做到的。

一个人的礼貌、礼仪常常影响着他人对其的评价，在人们的印象中，一个有礼貌、有教养的人总是有着相应的良好品质和人格，这对个人成功、人脉积累都有所帮助。

爱默生说："美好的行为比美好的外表更有力量。美好的行为，比形象和外貌更能带给人快乐。这是一种精美的人生艺术。"

同样，良好的仪表也是十分重要的，西点军校的人很注重衣冠整洁、合体，对着装有着严格的要求。一个穿戴邋遢的人是不可能受人欢迎的。个人的仪表是最先被对方感官感知到的，所以仪表因素是构成一个人魅力的最基本的条件。

英国女王曾经在一封给儿子威尔斯王子的信中这样写道："穿着显示一个人的外表，人们在判定一个人的心态，以及对这个人的观感时，通常都凭她或他的外表，而且常常都是这样加以判定的。因为外表是看得见的，而其他因素则看不见，基于这一观点，穿着特别重要。"

事实上，聪慧的女王并未言过其实。现实生活中，无论基于理性或非理性的观点，我们对某个陌生人的第一印象，都是以他的衣着和仪容为基准的。

得体的仪表等于成功了一半。调查显示，在第一次面试后就回绝申请人的原因里，排在第一位的是申请人糟糕的外部形象。纽约著名的住宅房地产公司——科克安集团的创始人和董事长芭芭拉·科克安表示，她的公司在雇人的时候，很多时候都是根据第一印象。她说她不会雇用面试时衣着粗心或者不得体的人。科克安认为，如果这份工作对一个人来说很重要的话，她或他会通过自己的衣着打扮表现出他们的期望。"如果你的衣着粗心或者不得体，就是说你不尊重你自己，也不在乎你代表公司所表现的形象。"科克安说，"表现出职业得体的形象说明你是有准备的，是可以提升的。"

美国某众议员认为，一个人的外表可以建立其整体形象，但也可以毁掉一个人的整体形象。"你不用非要穿着设计师设计的衣服，但是需要注意一些基本细节，如保证你的衣服是干净的、熨烫过的，鞋子是擦过的，要精心梳理头发，保证指甲是干净的。如果你对外表多花点心思和努力，你将会比你的竞争对手出发点高一些。"

谨慎的言行、礼貌的举止和整洁的仪表会帮助你建立良好的人际关系，叩开成功的大门。

记住对方的名字，是一种尊重

西点军校对新学员有一项特殊的要求，每个人必须记住1400多名新学员的名字，这可不是件容易的事情。但事实上，每个学员经过一年的训练后，基本上都能把基地1400多名学员的名字记得一清二楚，包括他们来自哪个州、是否单身。

西点军校学员明白：记住其他学员的名字，而且很轻易地叫出来，等于对他人的尊重。当西点军校学员新认识一个学员时，就会问清楚这个人的名字和相关情况，并把这些牢牢地记在脑海里。即使一年以后，他还是能够拍拍这个人的肩膀，问他父亲和母亲好。对于大多数人来说，没有比听到别人能够准确无误地说出自己的姓名更令人愉快了。

许多人十分需要别人的尊重，一旦满足，他便会对人十分客气。毕业于西点军校的杰尔·斯科特所在的公司碰到了一个大发脾气的用户，他说要他付的那些费用是敲竹杠。这个人怒火满腔，到处申诉、告状。最后，公司派斯科特去见那位无事生非的人。斯科特静静地听着，让那个暴怒的用户淋漓尽致地发泄，不时说"是的，布拉德先生"以表示同情。用户滔滔不绝地说着，而斯科特洗耳恭听，整整听了三个小时。斯科特先后去见过那个用户四次，每次都对用户发表的论点表示同情。第四次会面时，用户提出了一个建议，斯科特立刻赞成，"是的，布拉德先生。"那个用户从未见到过一个公司的人同他用这样的态度和方式讲话，并且始终记得自己的名字，终于渐渐地变得友善起来。那位用户自认为是在主持正义，在维护大众的利益，事实上他所要的只是一种重要人物的感觉。当他获得了这种感觉后，那些无中生有的牢骚也就化为乌有了。

生活中，我们每天都与别人相处，接触不同的人、不同的事。有些人春风得意，有些人却交际失言。

美孚公司在1992年做了一项调查，他们询问了服务站的4000位顾客什么对他们是重要的，结果发现：仅有20％的被调查者认为价格是最重要的，其余的80％想要三件东西，分别是快捷的服务、能提供帮助的友好员工以及对他们的消费忠诚予以一些认可。美孚把这三样东西简称为速度、微笑和安抚。

美孚公司迅速响应并做出改进，首先在加油站的外线上修建停靠点，设立快速通道，供紧急加油使用，只需要几分钟，就可以完成洗车和收费的全部流程；加油站员工佩戴耳机，形成一个团队，安全岛与便利店可以保持沟通，及时为顾客提供汽水一类的商品；服务人员保持统一的制服，给顾客一个专业加油站的印象。

加油站的服务生说："在顾客准备驶进的时候，我已经为他准备好了汽水和薯片，有时我在油泵旁边，准备好高级无铅汽油在那儿等着，他们都很高兴，因为你记住了他们的名字。"这样做的结果是加油站的平均年收入增长了10%。

对于我们自己而言，想想你是否能够记住别人的名字呢？要知道记住别人的名字，而且能够很轻易地叫出来，实际上就等于给别人一个巧妙而有效的赞美。人们都渴望被他人尊重，而记住别人的名字，则会给人受尊重的感觉。因此，在交往中，记住别人的名字很容易让人对你产生好感。若是把人家的名字忘掉，或写错了，也是对别人的一种不尊重，在日后的工作、生活中难免会有一定的不利影响。

西点军校的教官们深信，一个人如果是优秀的，你就会从他身上找到好的人格品质；如果你不这样认为，就无法发现他人身上潜在的优点；如果你本身的心态是积极的，就容易发现他人积极的一面。当你想不断提高自己时，别忘了培养欣赏和赞美他人的习惯，认识和发掘他人身上优秀的特质。

生活中，我们每个人都必须围绕着自己的核心竞争力不断地改进自己，让自己进步。别人的缺陷是别人的事，或许也是他们的人生，你无法改变别人的命运，但你可以把握自己的命运。

准时是最必要的习惯

对军人来说，时间就是生命，错过一分钟可能造成整个战役的失败。西点军校对守时有着严格的规定，在任何时候，迟到都会受到最严厉的惩罚。西点军校的惯例是，迟到的人得主动背诵当年拿破仑因迟到一分钟而兵败滑铁卢的故事。拿破仑十分珍惜时间，他知道每场战役都有"关键时刻"，能否把握住这一时刻决定战争的胜败，稍有犹豫就会导致灾难性的结局。拿破仑认为，奥地利军队之所以不敌法国军队，是因为奥地利军人不懂得一分钟的价值。同样，历史毫不留情地在拿破仑身上重演。在滑铁卢企图击败拿破仑的战役中，那个生死存亡的上午，他自己和格鲁希就因为晚了一分钟而被敌人打败，布吕歇尔按时到达，而格鲁希晚了一点，就因为这短短的一分钟，拿破仑被送到了圣赫勒拿岛上，成了阶下囚。

西点军人用他们的行动一再提醒我们：准时意味着胜利，准时意味着成功！

很多年轻员工因为不能准时，而失去了晋升高等职位的机会。毕业于西点军校的范德比尔特先生一贯非常准时。在他看来，不准时是一种难以宽恕的罪恶。有一次，他与一个请求他帮忙的青年约好某天早晨的10点钟在他的办公室里见面，然后陪那位青年去会见一位火车站站长接洽铁路上的一个职位。但到了那一天，那个青年去见范德比尔特时，比约定的时间竟迟了10分钟。所以，当那位青年到范德比尔特先生的办公室时，范德比尔特先生已经离开办公室去出席一个会议了，因此两人便没有见到。

过了几天，当那个青年再去求见范德比尔特先生时，范德比尔特先生问他那天为什么失约，谁知那个青年员工回答道："呀，范德比尔特先生，那天我是在10点10分来的！""但是约定的时间是10点钟啊！"范德比尔特先生提醒他。

　　但那个青年仍然支吾着说："迟到10分钟，应该没有太大关系吧？"范德比尔特先生很严肃地对他说："谁说没有关系？你要知道，能否准时赴约是件极紧要的事情。就这件事来说，由于你不能准时，就失掉了你所想要的职位；因为就在那一天，铁路部门已接洽了另一个人。而且，我还要告诉你，你没有权利看轻我10分钟的时间，以为我白等你10分钟是不要紧的。老实告诉你，在那10分钟的时间中，我还要应付另外两个重要的约会呢！"

　　做事准时的习惯，也像其他习惯一样，要早日加以训练。纳尔逊侯爵曾经说过："我一生事业的成功，要归功于做事总是提早一刻钟的习惯。""准时是国王的礼貌、绅士的职责和员工的必要习惯。"有一句众所周知的俗语："什么时候都可以做的事情常常不会去做"，几乎可以成为很多员工的格言警句。

　　在学习和工作中，你不能老是拖延你必须完成的工作，趁早干完岂不更好？任务拖得越久就越难以完成，最终一事无成。在心情愉快或热情高涨时可以完成的工作，拖到了几个星期之后再做，就会变成苦不堪言的负担。

送给年轻人的第 5 份礼物：团结合作
——没有完美的个人，只有完美的团队

西点军校在校区旁边的波波洛本湖岸上专门设了一个巴克纳营，其中一项活动是让学生每六人一组，爬上一个十多米的高台，每个人都必须爬上去再爬下来。教官事先并不会告诉学生如何完成任务，不过学生们看到这个十多米的高台，就立即明白了：无论用什么办法，一定得靠通力合作才能跨过这个障碍。训练的目的就在于让学生充分体会到团队的重要性。

精诚团结直到毕业

西点军校里流传着这么一句话——"精诚团结直到毕业"。可见，团队精神在西点军校人心目中占有多么重要的位置！

说起西点军校人的团队精神，我们便不得不提到西点军校之父，也是西点军校的第三任校长塞耶。接管西点军校之后，塞耶进行了一系列的改革措施，把西点军校导向了发展的正轨。但是如何增强西点军校人的团队精神却成了一个困扰他多时的大问题。最终，塞耶提出了"拱顶石"的理论。

拱顶石是连接、维持建筑结构的关键之石。用塞耶的话说，拱顶石必须是坚硬的石块，而这些石块还必须紧紧地结合在一起。一旦培养出这样的"拱顶石"，学员团就会不断发展，军校就会不断前进。

塞耶以健全完善的规章制度为结合剂，把"拱顶石"很好地结合起来。他对学员学习、生活、娱乐等方面，对教学、管理、责任等林林总总的问题，都进行了有益的规范性建设。为了让"拱顶石"更紧密地结合起来，塞耶又采用了一系列方法加强战术教官与学员之间的联系。通过战术教官的作用，西点军校很快达成教学目标一致的信念。

时至今日，西点军校在有关促进合作、加强团结等方面的方法已经越来越多，也越发成熟起来。

入学之初，新学员尽管来自不同的社会阶层，有着不同的肤色、信仰、教育背景，但很快就会变成一样，融为一体。

男生要剪成短发，女生则要将头发盘到脑后。他们都要当场试穿那些灰白的制服，制服也是当场缝制的，这些军校新生穿上它们，将便服装进包里，只有等到夏天放假时才能穿了。西点军校还发给他们黑色的皮鞋、白色的帽子和白色的手套。

他们被分配到各自的训练连。整个下午，他们都在接受一个速成科目训练，学习如何按照低音鼓的节奏列队行进。

就这样，半天不到，这些新学员便融为一体，甚至能为前来观礼的师友们演奏《西点进行曲》！

到了二年级，他们还将被送往树木葱茏的巴克纳营地。巴克纳营地是西点军校的地产，与构成西点军校中心区域的那些颇负盛名的花岗岩建筑和阅兵场相距甚远。二年级学员的训练由高年级学员和许多正规陆军军官或军士组成的教官团队组织实施。训练内容包括地图判读与方位确定、安排战术以及轻武器的使用。新学员入学的那个夏天主要是学习如何成为一名军校生，但二年级学员的这个夏天要学习的是如何成为一名军官。

巴克纳营地的生活条件相当艰苦。这个树木丛生的偏僻场所人迹罕至、死气沉沉，又十分潮湿。居住的营房是第二次世界大战时期建造的。这里的蚊子非常多，而且"大得能把小动物搬走"。不过，训练也有让人振奋的时候，不管是低年级还是高年级，西点军校学员在夏季里最感兴趣的始终是能与真正的陆军部队一起训练。

巴克纳营地的受训经历能让这些西点军校学员明白一个非常重要的道理：每个人都能贡献与众不同的才能，一旦融合到一起，便能很好地完成某些训练任务。例如，每个班里都有一个天生具有良好方位感的人，那么将此人安排到带领小组成员的"岗位"上，就能使这个班在日落西山之后避免迷失方向；每个班都有一个能说会道的演讲者，专门负责鼓舞士气与打探情报。总之，人尽其能，各守其职，而又紧密配合，共同为了实现某个目标而努力。

有时候，为了让大家更加团结，西点军校还会创造出一个团队"共同的敌人"，激励众人一起来打倒它。例如，西点军校新学员就常常以学长为"共同的敌人"，建立起团队精神。

通过如此众多的训练，西点军校让每一位学员在训练中体验到团结的力量有多大。这种在实际行动中所亲自体验到的团队力量，比长篇大论分析团队合作如何增强个人的力量要管用得多。具有团队精神的集体，可以实现个人无法独立取得的成就。

诚如新学员所说，生存的关键就在于"精诚团结直到毕业"，换句话说，有什么事大家要通风报信。例如，新学员会互相转告"每日一问"的内容，包括当天上演的电影、当日菜单、距离最近的一些活动还有多少天等。这些信息每天都会改变，新学员学会在全校的电脑网络上互通信息，节省彼此的时间和力气。如果有谁拿到菜单，把内容输入电脑网络，其他1400多名新学员就不必统统跑到餐厅去抄菜单了。

一样的价值观和一样的目标，尤其是荣誉守则共同构成了团队合作的基础。西点军校尽力加强学员的团队精神，让他们了解共享一切的重要性。对学员而言，行动中没有个人的动机，只有团队的目标。

真诚和尊重是合作的前提

西点军人的义气是出了名的。他们的团体意识相当强烈，他们甚至会为自己同为西点军校的学生而感到异常亲切。即使相互之间从未谋面，但是校友一旦有要求，都会尽力相助、互相捧场和互相引荐。

西点军校对团队合作的理解不是每一个成员做好自己分内的事情，整个团队就没有问题了，而是非常注重个人对整体的影响，他们相信真诚和尊重是合作的前提条件，没有这种团队精神作为前提，团队只是形同虚设。每个人都希望被真诚相待，都希望能够得到别人的尊重。

尽管每个人的想法都是不一样的，但是尊重别人是一种最基本的素质。这种素质是别人喜欢你，愿意靠近你，愿意与你合作的前提。

在通常情况下，人们内心所想的东西，即使不用嘴说出来，不用笔写出来，也会被对方觉察、体会出来。假如你对对方有厌恶之情，尽管你没有说出来，但是由于你这种心理的支配，你多少会露出一些"蛛丝马迹"，被对方捕捉住或被对方体察出来，不久，他对你也会产生坏印象的。同样的，如果我们怀着一颗真诚的心去肯定对方，对方也会同样从内心感激你，用心回报你，直至将你所交代的事情做到完美为止。

当年老罗斯福做纽约州长时，同政党领袖们相处极好，而又能使其改革他们一向最不赞成的政事。

当一个重要的官职空缺应该填补时，他就约请政党首脑为之推荐人选。老罗斯福说："起初他们提出一位政党的小人物，我便对他们说用这样一位小人物不合乎良好的政治，民众一定不赞成。然后他们又会提出一个名字来，比第一位好不了多少。我就告诉他们说，任命这样一个人，恐怕还不合众望，不晓得他们还能不能再推荐一位更适宜的人。他们第三次推荐的人差不多可以了。但还不十分理想。于是我表示很感谢他们，请求他们再试一次，第四回说出来的人就很不错了。以后他们也许推出一位恰好就是我自己要挑选的那一位。表示感激之后，我便正式任用这人，而且我要让他们享受荣誉。我对他们说："我已经做了使你们高兴的事，现在轮到你们该给我做一点高兴的事了。'他们当真如此做了。他们赞成了重大的改革方案，如选举方案、税法及市公务法案等。"

老罗斯福遇事都同别人商量，并且尊重他们的意见，维护他们的自尊。老罗斯福遇到任命重要官吏时，他让政党首脑感觉到人选是他们挑定的，意见也是他们给的。

佛里特银行董事长托马斯·多尔蒂说："平常对人的态度才是最重要的。每个人都希望被当作独特的个人。在我三十年前加入银行界时如此，但我相信即使一百年后，这一点也是不会改变的。"多尔蒂先生认为其背后的原因是不言而喻的，因为我们都是人。

多尔蒂认为："最重要的是对人的尊重。即使像问好或说声'谢谢'这样的小事，也是表示对人尊重。我认为创造出人们愿意努力工作的环境，本来就是管理者的职责。"

每个人都有自尊心，如果你对他所说的话能够表示同意，这就是尊重他的意见，等于在无形中把他抬高了，而抬高他的便是你，他自然愿意和你做朋友。只有当人们感受到被人尊重，并被当作一个独特的个体对待时，他们才会与你相处，愿意与你共事，合作便成了自然而然的事情。反过来，你不能对他表示同意，显然是你站在和他敌对的立场，你是他的敌人而不是友人，他能不和你为难吗？所以，在说话的时候，这一点人们是应该要加以注意的。

总之，顾及他人的心态及立场，尊重他人的自尊，乃是相当重要的为人之道，也是促成合作不可或缺的要素之一。因此，你要促使别人与你合作就必须维护他人的自尊。

掌握合作的技巧

西点军校第82届学员西尔斯公司第三代管理者罗伯特·伍德说："不论一个士兵多么强大都无法战胜敌人的围剿，但我们联合起来就可以战胜一切困难，就像行军蚁一样把阻挡在眼前的一切障碍消除掉。"

但是在具体的合作中，西点军校也是非常讲究技巧的。

合作讲究的是如何有效地与人沟通，正如西点军校毕业生阿拉姆所说的："我可以把胜利定义为：'我打败你了。'但接下来我们的沟通会怎样？我们之间真的称得上关系吗？互相有多信任？要想得到最佳结果，我就必须花时间听对方诉说担心、需求和恐惧。"

美国著名人际关系专家彭特斯在《合作的六大习惯》一书中说："合作的可能性只有一条：站在同一立场上。"因此，合作的技巧很重要。

现实社会中，有好人缘的人，人们都愿意与他们合作；而有的人正好相反。其实不是是否有个好人缘的问题，而是合作中对合作技巧的掌握是否熟练的问题，也是人们良好习惯的体现。

一般来说，缺少安全感的人往往坚持己见，一意孤行，处处要别人顺从与附和。他们不了解，合作最可贵的正是接触不同的观点。一致并不代表团结，相同也不意味着齐心；团结才能互补，合作也应该尊重差异。

创造性组合不仅对事业非常重要，对个人也十分重要。凡擅长语言、逻辑，即左脑较为发达的人终会发现，有些需要创造力来解决的问题，理性是无能为力的。唯有运用久已闲置的右脑，使右脑主司的直觉与左脑相配合，协调运作，才能解决更多的问题。只有创造性的合作，才能获得合作的成果。

合作的技巧其实很简单，就看你是否愿意去掌握它。如果总觉得自己如何了不起，而不去考虑别人的感受，是不会受到别人欢迎和喜欢的，当然就不会有"人缘"。

1. 求同存异

在与人沟通之前，你可以先找到共同的立场，这样会使你们相处容易些。其实你和周围的人，不论是朋友，还是难缠人物，都有发生冲突的可能性，主要差别在于朋友之间的冲突会因彼此之间共同的立场而逐渐缓和。而对于难缠的人最好的办法就是减少差异，寻找两者共同的立场。如何减少差异呢？必须运用同化和转向。所谓的同化，就是以自己的行动来减少彼此之间的差异，设身处地为对方着想，以达到共同的立场。同化能使双方的关系更加融洽，转向能利用融洽的关系来改变互动的方式。同化是人们沟通立场、加深关系时用途很广的基本沟通技巧，同化无时不在你我身边。

2. 用肢体语言

你付出什么，就收获什么。如果同合作者合作愉快的话，那么你们之间就有某种默契，或者说有一种感应，彼此的动作、表情和神韵自然都会很相似。如果你把和自己沟通良好的人的交谈情形录下来，再倒过来看看，你会发现这种交谈很像是在上表演课。一个人摆出了某种动作，另一个自然地就跟了上来。

通常只有当你和别人相处融洽时，才会产生这种默契。通过这种体态语言的一致，你和你的交谈对象完全进入了合作状态。

3. 做一个倾听者

学会聆听是一种美德。人人都希望有一个倾诉对象，也希望别人了解自己。但是如果两个人都希望倾诉和被了解，却没有一个人愿意去听对方的话，这样两个人就很难达成共识。因此，如果你想被别人了解，你先得学会听别人倾诉。只有愿意了解别人的人，别人才愿意了解你。

倾听是一门艺术，只有懂得并掌握这门艺术，才易于沟通、交流与合作。倾听时要保持注意力，随时注意对方谈话的重点，在对方兴致正浓的时候，你要用眼、手或简短的语言来加以反馈，尤其是要表达出你关注的内容正是对方谈话的要害所在。能够以听为主的同时，不要妄下结论。在知道别人准确意思前，不要急于提出自己的看法。等别人讲完，让他把意思讲清了，自己再做评价。

4. 置身于对方的立场

重视人们喜欢的东西，要教给他们得到所喜欢的东西的方法，而不是指使别人具体怎么做，因为没有人喜欢受别人指使。要争取得到对方的合作，就应站在对方的立场上为他考虑，从而调动其积极性。站在对方立场上考虑，说不定对方也有几分道理。许多人不论自己有多大错误，往往不愿承认自己是不对的。掌握了这一点，也许你会获得更多的合作。

5. 真诚的赞赏

一位狱长曾经说过："对于罪犯的努力给予适当的称赞，比严厉地批评与惩罚，能得到他更大的合作。"如果我们把这个方法应用于人际关系，不应过于挑剔别人的行为，而应更多地看到别人的优点，即使是最微小的优点和进步，我们也要称赞，这比起责罚的做法聪明得多。

6. 诚信

我们要与别人合作，一个基本前提就是要守信用。假如甲有管理才能，乙有一笔资金，有了这两个条件，两人就有合作的可能了，但是两人未必就能合作成功。两人必须有一个信任关系才能达成合作。比如甲拿了钱，得让乙相信他不会挪作他用，更不会逃之夭夭。所以我们东方最早的信贷关系是发生在本家族之内，另外还需要有可靠的保人。

1+1 > 2 是合作的奇迹

1+1＞2，这是团结合作的奇迹。据统计，诺贝尔获奖项目中，协作获奖的占66％以上。在诺贝尔奖设立的前25年，合作奖占41％，而现在则跃居80％。团结合作的力量如此之大，常常会产生不可思议的效果。

约翰·休斯顿导演了一部著名的电影叫《胜利大逃亡》，它讲的是一个真实的故事。之所以叫"大逃亡"，是因为这次行动涉及的范围之广、难度之大，在常人看来几乎是难以想象的。

柏林东南100英里（1英里=1609.344米）处有一座纳粹德国的第三战俘营，这里曾囚禁过10000多名同盟国战俘。1944年，这里成了组织战俘越狱逃跑的中心，组织者计划帮助250多名战俘在一个晚上越狱。这是一项要求战俘们进行最大限度合作的行动，称得上是一次前所未有的惊心动魄的大逃亡。

把战俘从德国战俘营中营救出去是一件非常复杂的事。地道是逃跑的必要途径，而挖地道和隐藏地道则极为困难。战俘们一起设计地道，动工挖土，拆下床板木条支撑地道。处理新鲜泥土的方式更令人惊叹，他们用自制的风箱给地道通风吹干泥土。他们还制作了在坑道里运土的轨道和手推车，在狭窄的坑道里铺上了照明电线。所需的工具和材料之多令人难以置信：4000张床板、1370个压条、1699个篮子、52张长桌子、1219把刀、30把铁锹、600英尺（1英尺=0.3048米）绳子、1000英尺电线，还有许多其他的东西。单单是寻找这些材料，就够忙的了。

挖地道只是整个逃跑计划中的一部分。而每个要逃跑的人还需要一整套装备：百姓衣服、德国通行证和身份证、地图、自制罗盘、一点口粮和其他一些用品，这也颇费心血。一些战俘不断弄来任何可能有用的东西，其他人则有步骤、坚持不懈地贿赂甚至讹诈看守。

每人都有各自的分工，做裁缝，做铁匠，当扒手，伪造证件，等等，他们日复一日地秘密工作，甚至组织了一些掩护队，吸引德国哨兵的注意。

最具挑战性的也许是负责"安全"的那些人。德国人雇用了许多秘密看守，混入战俘营，专门防止越狱，被称作"探子"。"安全队"监视每个秘密看守，记录他们的一举一动。一有看守接近，就悄悄地发信号给其他战俘、岗哨和工程队员。

1944年3月24日的晚上，经过一年多的劳动，220名战俘做好了越狱准备，他们打算先爬过地道，然后钻进战俘营外面的树林，每分钟送出一人，直到全部逃出。会说德语的人可以装成外籍劳工，混上火车，其他人则昼伏夜行，以逃避德国巡逻队。

当第一个人爬出地道时，发现出口离树林还有一段距离。这样原先一分钟一个人的计划就无法实施了，每小时只能出去十几个人。结果，只有86人逃出去，地道就被发现了，并引起极大震动，纳粹当局下令全国大搜捕，抓住了83名逃亡者，希特勒下令处决了41人。实际上，仅有3人逃跑成功。约翰·休斯顿在评论这次大逃亡时说："这次逃亡需要600多人完完全全地投入，每个人竭尽全力，每分、每时、日日夜夜连续作战，时间长达一年多。人的能量从来没有被发掘到如此淋漓尽致的地步，这种合作的决心与勇气令人震撼。"

一个由相互联系、相互制约的若干部分组成的协作整体，经过优化设计后，整体功能能够大于部分之和，产生1+1＞2的效果，这已成了人们的共识。因此，它不仅被很多企业的管理者所重视，也被每一个优秀的员工所认同。作为企业的一分子，一个优秀的员工能自觉地找到自己在团体中的位置，能自觉地服从团体运作的需要，能把团体的成功看作发挥个人才能的目标，他便不是一个自以为是、好出风头的孤胆英雄，而是一个充满合作激情，能够克制自我、与同事共创辉煌的人，因为他明白离开了合作，他将一事无成，而有了合作，他可能与别人一起创造奇迹。

"一滴水只有放进大海里才永远不会干涸，一个人只有当他把自己和集体事业融合在一起的时候才能最有力量。"所以，做一个善于合作的人对我们来说是十分必要的。

我们每个人都是与众不同的，每个人都可能会有不同的观点。当我们遇到别人的批评、指责时，首先要想想自己的问题，反思自己是否犯下了错误而没有察觉。这是一个善于合作的人所必备的素质，因为不谦虚者、不能容人者永远得不到别人的尊重，更何况是合作。

有效的沟通是一种艺术，正因为我们常面临沟通的问题，所以我们要朝这方面去发展，并学习各种技巧。

西点军校的教官们告诉每一位学员，沟通带来理解，理解带来合作。如果不能很好的沟通，就无法理解对方的意图，而不理解对方的意图，就不可能进行有效的合作，这在我们日常的工作和生活中也是很关键的。

一个员工是否具有团队合作的精神，将直接关系到公司的业绩。作为一个公司中的个体，员工只有把自己融入整个公司之中，凭借集体的力量，才能把棘手的问题解决好。

在生活中，大家也许会有这样的感受：假如你有一个苹果，我也有一个苹果，两人交换的结果是每人仍然只有一个苹果；但是，假如你有一个设想，我有一个设想，两人交换的结果就可能是各得两个设想了。

　　同样，当独自研究一个问题时，可能思考10次，而这10次思考几乎都是沿着同一思维模式进行的。如果拿到集体中去研究，从他人的发言中，也许1次就完成了一人需要10次才能完成的思考，并且他人的想法还会使自己产生新的联想。

　　让我们做一个善于合作的人，去迎接更大的成功！

没有成功者是独行侠

　　西点第64届学员、东方航空公司总裁法兰克·波曼说："英雄后面是一大队支持他的勇士，世界上从来就没有'孤独英雄'，我们能够驰骋在战场之上，因为我们身后是伟大的祖国。"在西点军校，大家所信奉的是，"我们这样团结起来可以创造一种集体观念的气氛。"在军旅甚至退役以后的日常生活中，西点校友间的互相提携、指教、援引和彼此照料是一个事实。

　　如同大多数军队一样，美国军队中，尤其是军官之间的"哥们义气"是相当浓厚和持久的。军人重义气，讲交情；军人讲究等级权威，服从命令；军人推崇互相关照，毕生不渝。战友情分，在美国也是一条强劲的社会纽带。

　　西点军校校友们建立了一些自己的投资基金会，为校友们的投资目标服务。翻开校友录，身在高位的校友比比皆是。虽然有的可能从未谋面，一旦有求，一般都会尽力相助、互相捧场和互相引荐。

　　西点军校人在校友之间的联络往来和互相攀引，更是出了名的。高年级和低年级军校生之间、教官和学生之间，以及上下级军官之间，有着种种经常而持久的"辅导与提携"关系，即结成对子，提供指教和引导。这种关系能维持很久，直到双方都成为中高级军官。

黑格将军在尼克松政府里的地位举足轻重，他从基辛格的副手一跃成为尼克松的左膀右臂，成功的要素除了夜以继日的艰苦工作、出众的参谋技能，以及与上司亲密无间的关系，还有一点，就是西点军校的团体精神和团体协力作风。这位西点军校毕业生的助手几乎清一色全是西点人，他们共同努力，即黑格常挂在口头的"直率、诚实、讲团结"，并以此来证明这就是西点人的本质，并且赢得了事业的成功。黑格自豪地说："西点军校是一个团结一致的优秀典范，美国就是根据它这种精神，制定与执行国家各项政策的。"

训练团队意识是非常重要的，因为你代表的不是个人，而是一个团队。实际上，精诚团结使西点军校人获得了意想不到的成就和荣誉。一个有着悠久历史，有着光荣传统，有着辈出名人的教育团体，一个始终以集体精神、团结一致进行灌输的团体，逐渐形成了一种社会网络，以致在美国的各行各业都能体现出来。西点人用西点人、帮西点人、成就西点人、光大西点的影响，几乎成为西点人的自觉行动。团结就是力量，即使只是很微小的力量，但当它们凝聚在一起时，也会产生很大的能量。

一个优秀的员工总是具有强烈的团队合作意识——团队成员间相互依存、同舟共济、互敬互重、礼貌谦逊；彼此宽容、尊重个性的差异；彼此间是一种信任的关系、待人真诚、遵守承诺；相互帮助、互相关怀，大家共同提高；利益和成就共享、责任共担。

西点人从不将自己禁锢于一个狭小的圈子里，他们知道作为团队中的一分子，如果不融入这个群体中，总是独来独往、唯我独尊，将无法体会也得不到友情、关爱和他人的尊重。西点人深知，具有独立个性的人，必须融入群体中去，才能促进自身发展；要真诚平等地与人相处，对待每一个人，不管他是与你一样的学员，还是你的长官；你周围的每个人都可能对你的事业、前途产生关键性影响，不仅限于高层人士；只有在团队中才能认识自己的不足，善于看到别人——特别是同伴的长处。

在一个团队中，每个成员的优缺点都不尽相同，你应该去积极寻找团队成员中积极的品质，并且学习它，让自己的缺点和消极品质在团队合作中被消灭。这是每一位西点学员在接受训练时，教官们最为强调的内容。团队强调的是协同工作，较少有命令和指示，所以团队的行动气氛很重要，它直接影响任务完成的效率。如果团队的每位成员都去积极寻找其他成员的积极品质，那么团队的协作就会变得很顺畅，任务完成的效率就会提高。这是西点人获得成功的一项至关重要的因素。

送给年轻人的第 6 份礼物：勇争第一
——没有最好，只有更好

~~~~~~

西点军校校长麦克阿瑟将军说："我们需要的是战场上的狮子，要知道由一头狮子带领的一群羊能够战胜由一只羊带领的一群狮子。"

西点人崇尚第一，要求每个人都努力争取第一。战场上除了胜利就是失败，没有平局而言。西点不需要弱者，唯有胜利才能证明一切。西点人明白，胜利是最好的说明。胜利说明力量，说明人格，说明成就。

态度决定了你的高度

24岁的海军军官卡特，应召去见海曼·李科弗将军。在谈话中，将军让卡特挑选任何他愿意谈论的话题。然后，再问卡特一些问题，结果将军每每把他问得直冒冷汗。

卡特终于明白：即使自认为懂得了很多东西，也还是远远不够的。谈话结束时，将军问他在海军学校的学习成绩怎样，卡特立即自豪地说："将军，在820人的一个班中，我名列59名。"

将军皱了皱眉头，问："为什么你不是第一名呢？"

此话如当头棒喝，影响了卡特的一生。此后，他事事力争第一，后来成了美国总统。

不是第一就要努力成为第一，即使你是第一，也可以做得更好。在西点军校只有暂时的第一，学员们都面临着挑战，这样的挑战来自他人，同样也来自自己。"成为第一"的信念激发了西点人胜利的愿望，使得西点人能够在任何困难面前都充满勇气和信心，促使西点人敢于竞争，并通过努力来取得最终的胜利。

西点军校前教务官斯努克在一次新学员开学典礼上说："为什么我们让这些孩子经受四年斯巴达式的教育？他们住在冷冰冰的兵营，上午九点半之前不能往垃圾桶里倒垃圾，水池必须始终干净、不堵塞。受制于如此多的规定和规则，为什么？"

然后他又继续说："因为一旦毕业，你将被要求全无私心。在军队的这么多的时间里，你将要吃苦，将在圣诞节远离家庭，将在水泥地上睡觉。这份工作有许许多多的东西让你把自我利益放在次要地位——因此，必须习惯这样。"

西点军校的第一课就是教导新学员，必须要了解自己、战胜自己。要做到这两点，必须以积极的心态去生活，摒弃消极的情绪。清晨，当学员睁开眼睛时，他们马上会感到：活着是一件多么美妙的事情！这是一个多么愉快的早晨！我从未感到如此开心！我想今天一定会是美好的一天。

西点军校学员具有这样的特质，他们善于使用积极心态的力量，但大多数人总是盼望成功会以某种神秘莫测的方式不期而至。实际上我们并不具有这样的条件，即使我们确实具有这些条件，我们也不那么容易看见它们——很明显的东西往往会被我们视而不见。每一个人的积极心态就是他的优点，这并没有什么神秘莫测的地方。

对每一个西点人来说，军衔意味着荣誉、能力、尊严。但是军衔是靠自己努力争取得来的，是对自己领导能力的肯定。

对西点军人来说，最能够确保晋升的方式，就是提供比别人更多更好的才能。如果学员只是听命行事、唯唯诺诺，或者学员对于西点的利益漠不关心，就没有权利期望升迁。

"永争第一"是一种积极的人生态度。在这个世界上，想得第一的人并不少，而真正能够做到的人却总是不多。许多人之所以不能得到"第一"，因为他们根本就不敢去争取。

一位哲人说过：无论做什么事情，你的态度决定你的高度。"成为第一"，不仅可以激发追求成功的愿望，更重要的是，它还可以培养一个人追求成功的信心和勇气。

没有最好，只有更好

在西点军校，没有最好，只有更好。西点军校第87届毕业生、Free Markets公司高级副总裁戴夫·麦考梅克说："西点军校是最能打消傲气的地方。我来自一个小镇，在那里，我是优等生，而且还是一个运动队的头。来到西点军校后我才发现，我的同学中60％是运动队的头，20％是所在中学的尖子。今天你还是一个地方明星，明天你就只是数千强者中微不足道的一个。"

新学员总是在最底层。他们学习如何跟随并听从上级的命令，并按命令去做。二年级学员由一至两名组成一个小组，第一次担当军事管理者的角色，学习在互相信赖的基础上发展与其下属的亲密关系，并直接对新学员的表现负责。

反过来，二年级学员向三年级学员汇报，每个三年级学员负责由两至三名二年级学员和相应四至六名新学员组成的班。三年级学员充当新学员队伍的军官角色，他们必须实行间接管理。他们还对一年级学员负责，但必须通过二年级学员来指导行为，因此必须学会用以身作则来激励下属。

四年级学员掌管全局。开学前的夏季，他们负责新学员和二年级学员的为期六周的训练。到了八月，他们在学员等级体系中担任军官的角色。排长向连长、营长、团长报告，而连长则服从营长的命令和管制。

人人都是管理者，人人都被管理。每个人争当榜样，每个人都评估别人。学员对其下属的正式评价计入总成绩。乔·巴格里奥是四年级学员，同时也是Ｃ－２连的执行官。他说："一开始就必须明白，你站在管理岗位并不是因为你更聪明或更好。一旦你认为你什么都懂，你就完蛋了。"

西点军校的文化是一种残忍而又公正的文化，学员们尤其了解自己在组织中所处的等级。学员的同事们一眼便能看出他服役了多长时间，升到了什么职位。军官们就像一个会行走的个人成功标志牌。他们的袖口佩戴有袖条，每一杠表明服役期；他们的肩上佩有肩章，表明他们在那一时期晋升到的级别。即使是火箭专家，也能根据这些标志很快断定一位军官是会在部队里不断获得晋升，还是即将退役。

有时候，袖条的数量和肩章的数量并不相符，那说明这名军官是被降了级的，一条肩章被摘下了。这更好地证明了西点军校的体制是公正的。被降级了的军官所接受的惩罚是每个人都看得到的，而不是秘密地扣除他们的津贴。当他的肩章恢复原样的时候，所有学员又会看到他被复职了。

在合理的时间范围内，一名西点军校学员应该力求晋升。如果他没有在这一时期得到晋升，那么他本人和他周围的所有学员都很清楚——他在西点军校没有前途了。没有新的头衔留给错过晋升机会的学员。

没有最好，只有更好。在西点军校，这不仅仅是一句口号，更是一个深入人心的观念。西点军校的学员，在校期间都被灌输着这样的思想：永远不对自己的现状满意，永远向着更高的目标前进，你永远可以做得更好。

任何事物都是不断变化、不断发展的，知足而不求发展，就会被淘汰；只有不知足，才会进取、发展，才会取得更大的成功。所以，我们要设立更高的目标，用更高的标准来要求自己，这样我们就可以从自己的努力过程中获得更多的成功，也才能创造更多的快乐。

不要停止追求的脚步，不要熄灭前进的灯火，要记住，只要追求就会有快乐。抬起头吧，前面是一片未知的空间，我们要做的是相信自己，永不满足。

有必胜的信念

西点人崇尚第一，要求每个人都努力争取第一。因此，每个人都要具备强者心态。西点军校校内一直流行着这样一句名言：只要你不认输，就有机会！

1961 年，西点军校橄榄球队在一系列比赛中连连败阵，军校当局撤掉了文斯·隆巴迪的教练之职，同时让受人欢迎的波尔·迪茨尔任新教练。校长威斯特摩兰解释说："委任迪茨尔担任西点军校橄榄球队的教练，是为了国家的利益，为了陆军的利益，为了西点军校的利益。经过我们大家的共同努力，总算找到了一位能'取胜'的理想教练。"

西点人注重胜利，并且在学员中不断强化胜利意识，他们在认识到获得球赛的胜利和获得战争的胜利有许多相似之处时，就把体育运动广泛地引入学员生活中。体育和战争的本质都是双方的对抗，最后决出胜负，而其关键就是"取胜"。在竞争激烈的社会里，并非每个人都能成为第一，但是每个人都可以拥有第一的梦想。只有争取第一才是一种积极向上的心态。它为西点人甚至所有人创造了一个奋斗的目标，一种前进的动力。

麦克阿瑟出生于军人家庭，父母从小就鼓励他成为"伟人"，他在少年时就确立了人生的目标：做一个军人，当一名将军。

麦克阿瑟为实现目标，从小就刻苦读书。他17岁考入西点军校，在西点军校四年中有三年学习成绩名列全班第一，创西点军校25年来学员最高学分的纪录。毕业后，麦克阿瑟开始了他的军旅生涯。

第一次世界大战爆发时，美国开始积蓄军事力量，麦克阿瑟担任了陆军部的新闻检察官，工作做得十分出色，后晋升为少将，任西点军校校长。

麦克阿瑟在西点军校的改革，遭到了来自国会、陆军部、校友会等保守分子的责难，他被排挤到菲律宾执行海外任务。

1925年，麦克阿瑟又受命回到美国。这时他的妻子对军旅生活十分厌倦，力劝他退出军界，创办私人企业赚大钱。凭借他和夫人的经济实力和社会关系，要做生意是十分容易的。如果麦克阿瑟同意夫人的意见，既可以带来家庭的和睦，又可以成为一个富翁。但麦克阿瑟面临种种诱惑，一点也不心动，做军人、成为将军的愿望在他心中是如此强烈，他仍然对军人的奔波生活一往情深，最后他的夫人离开了他。

1928年夏天，麦克阿瑟再次被派往马尼拉，担任菲律宾部队司令。

半年后，他收到美国陆军参谋长萨默罗尔将军的电报："总统很想任命你为工程部主任。"麦克阿瑟清楚地知道，若接受这一职务，他在军界发展的希望将十分渺茫，而他当时是盯着参谋长这一职位的，可若不接受这一职务，又很可能被认为不忠诚。考虑再三，他拒绝了这一职务，他的这一决定使他终于在1930年8月被任命为陆军参谋长，此时，他年仅50岁，成为陆军历史上最年轻的参谋长。

第二次世界大战爆发后，麦克阿瑟充分发挥他的才智，取得了辉煌的战果，成为历史上有名的将军，终于实现了自己的抱负。

能够坚持下来，相信自己能够实现梦想，是麦克阿瑟成功的原因。懦弱心理较重的人，除了要努力培养自己坚强的意志、丰富的想象力和激荡的热情之外，还必须培养战胜胆怯的勇气和绝不向困难妥协的精神。消除畏惧，是一个人成功的前提。无所畏惧的人，在一切社会环境、自然环境中，有着按自己的意图行事的坚韧生命力。他们可以抛弃一切、无所顾忌地向着奋斗目标英勇前进。他们由强烈的自信生出不怕危险和失败、大胆猛进的勇气，具有敢于挑战的伟大精神。他们不断改造社会，改造自己的工作。他们力图寻找自己的对手，打垮对方，以此来激发斗志，发挥自己的才能。

信念是一种无坚不摧的力量，当你坚信自己能成功时，你必能成功。许多人一事无成，就是因为他们低估了自己的能力，妄自菲薄，以至于难以取得大成就。信心能使人产生勇气，克服所有的障碍，从而获得成功。

所以，人最大的敌人就是自己，在工作上遇到的最大问题就是缺乏自信。缺乏自信的现象包括"告诉自己做不到""怀疑自己无法获得成功""对自己的现状不满意""担心自己会失败""觉得自己没有目标和安全感"等，这一切都会影响人行动，让人缺乏应有的活力，从而限制了潜能最大程度的发挥。

我们必须意识到，一个人的积极行动，包括最终的成功，总是跟他的自信心紧密相关的。唯有怀着必胜的心，我们才能担负起责任，勇敢地面对一切艰难险阻。只要怀有必胜的信心，哪怕是一个平凡的人，也会成就惊人的事业。

永远追求第一

1962年，美国的西点名将麦克阿瑟对西点学员说了下面这些话：

"你们要以军旅为家，要一心想着胜利。在战争中，你们必须知道是没有任何东西能代替胜利的；如果战败了，我们整个国家就会灭亡。你们必须牢记职责、荣誉、国家。那些能挑起争论的国际国内问题让别人去喋喋不休地辩论吧。你们要沉着、冷静、清醒，坚守在自己的岗位上，你们是国家防范侵略的卫士。在国际冲突的惊涛骇浪中，你们是国家的救生员；在战争的竞技场上，你们是国家的斗士。在一个半世纪的漫长岁月中，你们日夜戒备，英勇御敌，保卫了国家解放、自由、正义和公平的神圣传统。让公众去争论政府的功与过吧，让他们去争论连年的财政赤字，联邦政府日益增长的家长作风，各种权力机构变得十分傲慢，社会道德水准降得太低，各种税收增长得太快，过激分子变得更加肆无忌惮，等等。这是否削弱了我们国家的力量，伤了国家的元气？让他们去争论个人自由是否已经达到了应有的彻底和完整。这些重大的国家问题不是靠你们职业军人或军队来解决的。你们的座右铭就像茫茫黑夜中光芒万丈的灯塔——职责、荣誉、国家。"

西点军校意味着卓越。新学员一入校，西点军校就向他们灌输这个理念。就如西点军校前校长潘莫将军所说的："给我任何一个人，只要不是精神病人，我都能把他们练成一个优秀的人才。"

走进西点军校，便意味着告别平庸，走向卓越。当然，这种卓越是建立在道德的基础之上的。在西点军校，学员们一直对那些成就显赫、德行高尚的校友推崇备至。

被誉为全美最杰出大学篮球教练员的约翰·伍登说："成功，就是知道自己已经倾注全力，达到自己能够达到的最极致的境界。"对于优秀的人来说，成功并非最终的结果，而在于追求卓越的过程。一个永远用最严苛标准要求自己的人才是最优秀的，也才是最让人放心的。

《孙子兵法》里说："求其上，得其中；求其中，得其下；求其下，必败。"一个人只有给自己设置最高的目标，才有可能取得相对好的成绩。相反，如果一开始的目标便马马虎虎，那他所取得的成绩也是有限的，原因无他，要求低了，动力也就减弱了。

纳迪亚·科马内奇是第一个在奥运会上赢得满分的体操选手，她在1976年蒙特利尔奥运会上完美无瑕的表现，令全世界疯狂。在接受记者采访的时候，纳迪亚·科马内奇谈到她为自己所设定的标准以及如何维持这样的高标准时说："我总是告诉自己'我能够做得更好'，不断驱策自己更上一层楼，要拿下奥运金牌，我不能过正常人的生活，必须比其他人更努力才行。对我而言，做个正常人意味着必须过得很无聊，一点儿意思也没有。我有自创的人生哲学：'别指望一帆风顺的生命历程，要期盼成为坚强的人。'"

"一个人追求的目标越高，他的能力就发展得越快，对社会就越有益。"高尔基的这句话在今天听来仍未过时。我们随时都需要100％的投入才有希望杰出。仅仅完成工作中规定的任务，并不是一个能够激励人心的目标。如果你想要别人注意到你的努力，那你就得努力超越自己，达到卓越。

信念决定你的成就

西点人的偶像拿破仑指着地图上一条小路问"如果通过这条路直接穿过去有没有可能"时，那些探寻过的工程师们吞吞吐吐地回答："可能行的……还是存在一定可能性的。""那就前进吧。"拿破仑坚定地说，丝毫没有因为工程师的弦外之音而动摇。谁都知道穿过那条道路的难度有多大，在此之前还没有人能够征服这座天然的屏障。

当英国人和奥地利人听到拿破仑想要跨过阿尔卑斯山的消息时，都轻蔑地报以无声的冷笑："那是一个从未有任何车轮碾过，也从未有车轮能够从那儿碾过的地方。更何况他还率领着7万人的军队，拉着笨重的大炮，带着成吨的炮弹和装备，还有大量的战备物资呢？"然而就当被困的马塞纳将军在热那亚陷于疾困交加的境地时，拿破仑的军队犹如天兵一样出现了。一向认为胜利在望的奥地利人不禁目瞪口呆，军心大乱，他们几乎不敢相信，眼前这个小个子竟然征服了高不可攀的山峰。

　　喷泉的高度不会超过它的源头，一个人的成就不会超过他的信念。有信心的人，可以化渺小为伟大，化平庸为神奇。相反，你若认为连最简单的事也无能为力，那对你而言，小山头也会变成不可攀登的高山。

　　西点人重视荣誉，渴望通过胜利来获得荣誉，正是这样的信念支持着西点人追求胜利的脚步。

　　对于一个人来说，成功的信念最重要。如果有坚强的自信，往往能使平凡的男女做出惊人的事业来。胆怯和意志不坚定的人即使有出众的才干、优良的天赋、高尚的品格，也终难成就伟大的事业。

　　伯特·郭恩达当上了可口可乐的CEO后告诉员工："我们的竞争对象不是百事可乐，我们需要做的是在那块市场上提高占有率，要占掉市场剩余的水、茶、咖啡、牛奶及果汁等。当大家想要喝一点什么时，就应该去找可口可乐。可口可乐要将市场份额指标纳入到世界液体饮料市场上来。"为此，可口可乐采取了一些新的竞争战略，如在每个街头摆上贩卖机，结果销售量节节上升，再次将百事可乐远远抛在了后面。

　　你的成就大小，往往不会超出你自信心的大小。

　　在大学课堂上，教授问同学们："有谁知道世界第一高峰？"对于如此小儿科的问题大家当然不屑一答，仅用最低的分贝附和："珠穆朗玛峰。"谁知教授紧接着追问："世界第二高峰呢？"这下，大家回答不上来了。教授转过了身，在黑板上写下了：屈居第二与默默无闻毫无区别！

　　教授曾在12年前做过一项实验，他要求他的学生毫无顺序地进入一个宽敞的大礼堂并自由找座位坐下。反复几次后，教授发现有的学生总爱坐前排，有的学生则盲目随意，四处都坐，还有一些学生似乎特别钟情于后面的位置，教授仔细记下他们的名字。

等到10年之后，教授对他们的调查结果显示：爱坐前排的学生成功的比例比其他学生高出好多倍。

教授认为，"不是说一定要站在最前、永远第一，而是说这种积极向上的心态十分重要。在漫长的人生中，只有永争第一，积极坐在前排的人才更容易出类拔萃。"

拿破仑·希尔说过，一个人唯一的限制，就是自己头脑中的那个限制。唯有自己才能挣脱自我设限。唯有勇敢地打破自己心里的限制，才能突破自己，获得好业绩。

送给年轻人的第 7 份礼物：敢于冒险
——幸运喜欢照顾勇敢的人

西点军校要求每个学员"做一个真正勇敢无畏的人"，要敢于冒险。西点军校第52届毕业生、美国杜邦公司创始人皮埃尔·杜邦说过："危险是什么？危险就是让弱者逃跑的噩梦，危险也是让勇者前进的号角。对于军人来说，冒险是一种最大的美德。"

克服内心的恐惧感

每一位西点军校学员都需要冒险，而冒险的首要前提就是克服内心的恐惧。风险愈高，人的情绪愈接近恐慌。要训练自己在重要关头处理恐慌的能力，最好的办法就是在控制的情境下练习克服恐惧。

一位在越南战争中失去一条腿的西点军校军官说："最恐怖的是眼睛看不见的敌人。跟眼睛看得见的敌人作战，心中多少有些充实感。但在热带密林中作战，看不见敌人，冲进去却没有抵抗，时间五分钟、十分钟地过去，静谧中可怕至极，恐怖成了我们心中的敌人。"

为了克服内心的恐惧感，西点军校所有学员都必须接受体能训练，参与相当危险的运动。男生要修拳击和摔跤课程，而男、女生都要修体操、游泳救生和肉搏自卫等课程。此外，运动竞赛也是必修课程，而且学员至少有一季要参加团队运动比赛，这些都是有可能受伤的剧烈运动。这些必修课程非常重要，它们不仅能锻炼年轻士兵的体能，同时也教导他们另一项根本的管理技巧：勇敢地面对危险。

如果你想有所作为就必须要有冒险精神，如果惧怕失败，不冒风险，求稳怕乱，平平稳稳地过一辈子，虽然可靠、平静，但那真正是一个悲哀而无聊的人，一个懦夫。最可惜的是，你葬送了自己的潜能。本来可以摘取成功之果，分享成功的最大喜悦，可是你却甘愿把它放弃了。与其造成这样的悔恨和遗憾，不如去勇敢地闯荡和探索。与其平庸地过一生，不如做一个敢于冒险的英雄。

用"冒险"这个词去概括西点军人克服困难时所表现出来的品质，是再恰当不过的词了。

世界上有许许多多的人不敢冒险，缺乏胆量只求稳妥，所以一事无成。所谓胆量，就是指做事时胆子要大一点，要克服只求稳妥的弱点，要敢作敢为、勇于冒险，相信自己能展翅飞翔。有时胆子要大一点不是说要粗枝大叶、闭眼蛮干，也不是谈论只求前进而不管实际，要分清楚哪个是敢作敢为，哪个是莽撞蛮干。

西点学员考虑的是：在我们这一生中，在某些时候我们必须采取重大而勇敢的行动，但这只是在仔细考虑这次行动具有较大的成功的可能性之后，才把胆子放大而采取行动的。

在面对是否采取行动的问题上，特别是这种行动涉及冒险时，我们会发现自己犹豫不决、坐失良机；这是传统的观点在作怪，"不要鲁莽行动，这里很可能有危险，不要去尝试"，这常常是明智的劝告。但毕业于西点军校的威廉·埃勒里·查宁却这样说道："有时，把胆子放大一点，敢作敢为最聪明。"

第一次世界大战时，麦克阿瑟是远征军中勇敢无畏、特别引人注目的人物。

他率领彩虹师自愿参加了法国人的突击队，在战斗中表现出异乎寻常的勇敢。战斗进行得非常激烈、残酷，约有600名德国人被俘，其中一个德军上校是他亲手活捉的。麦克阿瑟因表现突出而获得第一枚勋章——十字军功章。后来，美国陆军也因这次行动而授予他银星章。提起麦克阿瑟非同一般的勇敢，他的师长说道："在没有懦夫的地方，他的勇敢精神还是显得那么突出。"有一次，在敌人炮击期间，他还若无其事地坐在指挥所里，大家都为他担心，他却幽默地说："能打死我麦克阿瑟的炮弹，德国人还没有造出来呢！"

彩虹第42师在洛林地区前线坚守了四个月之久，在这四个月中，几乎一直不断地进行战斗。麦克阿瑟虽然是专职参谋长，但他同他父亲在南北战争中所做的一模一样，不断深入前线，率领和激励部队勇敢作战。他因作战英勇而获得服务优异十字勋章。他曾"轻微中毒"，因此而获得紫心勋章。该师于1918年6月21日终于撤离前线时，军团司令官——一位法国将军，表彰了麦克阿瑟对彩虹第42师参谋部的出色指导。此时，该师已成为英勇善战的部队，麦克阿瑟也成为法国人尽皆知的美军指挥官。

彩虹师以令人畏惧的勇敢和顽强投入了战斗。麦克阿瑟准将——头戴软帽，手拎马鞭，身着卡其布军装，绑着裹腿，进攻时，他总是第一个跳出堑壕，率领他的部下进行短兵相接的战斗。这次战役把不可一世的德国人打得落花流水，麦克阿瑟也因作战英勇而获得第二枚和第三枚银星章。

巴顿将军曾经说过："每个人都害怕，越是聪明的人，越是害怕。勇敢的人是这样一些人，他们不顾害怕，强迫自己坚持去做。"

麦克阿瑟将军就是这样一个勇士。他以自己的勇敢和无畏的精神率领着彩虹师取得了战争的胜利。面对敌人麦克阿瑟将军并没有畏缩不前，他的内心并不是没有恐惧，只是他战胜了恐惧，通过胜利和荣誉证明了自己的勇气。

我们所有的人做任何事都不会一帆风顺，都可能会出现意外、曲折，甚至失败。因此，冒险是难免的。冒险可以给我们带来一些全新的体验，一些我们未知领域的体验。可以说，冒险的体验正是我们生活中进步和快乐的本源，对于未知的事物完全不必心怀恐惧，也不必费心地试图把生活中的方方面面都规划好。如果想让自己的生活丰富多彩的话，那么就让自己的生活多一些意外、多一些弹性。事实上，无论是工作还是生活，如果总是重复同一个内容，我们又怎么能有新的收获呢？因为我们清楚生活并不是可以预先设计的，所以对于不可预知的未来，我们没有必要担心惧怕，我们应该具有敢为人先的冒险精神，打破规矩，突破闭锁，去体验冒险给我们带来的快乐。

有句话说："一个不懂得悲伤的人，就不可能懂得欢乐。"同样可以这样说："没有冒险的生活是毫无意义的生活。"事实上，我们的生活总是处在这样或那样的冒险境地里，因为我们别无选择。

无论是在事业上、生活中，或是在其他方面，我们都可能需要恰当的冒险。当然，在冒险之前，我们必须清楚地认识到那是一种什么样的冒险，必须认真权衡自己的得失，比如时间、金钱、精力以及其他牺牲或让步。面对真实的现实，面对人生转折，我们每个人都只有利用好自己的人生阅历、知识的积累以及直觉来做出决定。因为我们本来就应该去贡献、争取和创造，所以我们必须学会把握生活，才不至于浪费生命。

富兰克林·罗斯福在总统就职演说中说道："让我首先表明我的坚定的信念：我们唯一不得不害怕的东西就是害怕本身——一种莫名的、丧失理智的、毫无根据的恐惧，它会把转退为进所需要的种种努力化为泡影。"每个人面对危险的时候都会恐惧，恐惧并不可耻，但是我们必须学会克服自己内心的恐惧，做一个直面恐惧、敢于冒险的人。征服畏惧、建立自信的最快最确实的方法，就是去做你害怕的事，直到你获得成功的经验。

直面恐惧

西点军校第33届学员、著名将军布莱德雷说："面对死亡微笑的勇士将不会畏惧任何危险，勇气会贯穿他们的一生，牺牲是他们战胜一切困难的武器。"

一名优秀的管理者，魄力与胆识是必不可少的素质，同时还要果断地抛弃恐惧。

今天不能够控制自己的恐惧，那么将来置身于危险中，风险会更大，除非你能够面对你的恐惧，否则恐惧就会永远如影随形，永远限制着你的发展和成就。

在西点军校，教官故意加重学员的焦虑，教官知道学员有一种理性的回避恐惧的方法，没有恐惧，勇气是培养不出来的，西点军校拒绝逃兵。刚刚踏入训练营的新学员们也许还有些爱冒险，有点冒冒失失，但是生活经验并不足以让他们应对战斗中的恐惧。他们必须事先体验恐惧，并学会在不断有恐惧出现时如何镇定自若。因此，西点军校一步一步地让队员接受各种令人恐惧的体验。

学员入学后要接受许多严格的考验，只有凭勇气才能通过这些考验。如果学员不能忍受这些考验，那就必须选择离开，西点军校是不允许有逃兵的。

西点军校通过一系列军事训练、体育活动，包括冒险的"生存滑降"等，不断激发学员内在的勇气，使他们能够在战争需要的紧急关头无所畏惧地冲上去。同时，在文化教育过程中，西点军校着重智力开发、思维训练，不断提高学员认识问题的层次，使他们在有胆中有识，在有识中增胆。

巴顿青少年时代就雄心勃勃，心存大志，并努力锻炼自己的胆量，克服恐惧心理，发誓要把自己培养成一个勇猛无畏的人。但他发现，自己虽然勇敢，但在危险面前并非是毫无顾虑的。于是他决定锻炼胆量和勇气，改变自己。他努力去克服自己隐藏在内心深处的恐惧心理，并时刻以"不让恐惧左右自己"自勉。

在西点军校学习期间，他有意锻炼自己的勇气。在骑术练习和比赛中，他总是挑最难越过的障碍和最高的跨栏。在西点的最后一年里，有几次狙击训练，他突然站起来把头伸进火线区之内，要试试自己的胆量。为此他受到父亲的责备，而巴顿却满不在乎地说："我只是想看看我会多么害怕，我想锻炼自己，使自己不胆怯。"

通过锻炼，巴顿的性格变得异常刚毅果断，在为解放法国、捷克斯洛伐克等国家和最终击败纳粹德国的战斗中立下了汗马功劳。巴顿创造的战绩是辉煌的，也是十分惊人的。正如驻欧洲盟军总司令艾森豪威尔将军在战后所指出的："在巴顿面前，没有不可克服的困难和不可逾越的障碍，他简直就像古代神话中的大力神，从不会被战争的重负所压倒。在第二次世界大战的历次战役中，没有任何一位高级将领有过像巴顿那样神奇的经历和惊人的战绩。"

在作战方面，巴顿堪称现代史上杰出的战术家之一，其主要特点是具有强烈的进攻精神。巴顿特别强调装甲部队的大范围机动性，尽一切努力使部队推进、推进、再推进。巴顿在战斗中的一句口头禅是："要迅速地、无情地、勇猛地、无休止地进攻！"有时，他下令："我们要进攻、进攻，直到精疲力竭，然后我们还要再进攻。"有时，他对部下说："一直打到坦克开不动，然后再爬出来步行……"正是这种一往无前的进攻精神，使得巴顿部队在战场上所向无敌，无往不胜。巴顿的勇猛果断，使他赢得了"血胆将军"的称号，并因在第二次世界大战中取得了赫赫战功而被授予四星上将。

人生中有不少潜藏的恐惧，有的是因自己的怯懦而产生的，有些是外力在我们成长过程中所施加的阴影，但如果我们不正眼看它、正面迎它，而是处处躲它，阴影会跟着你，并变成一种逃也逃不了的遗憾。就像北美印第安人的一句谚语："不正面面对恐惧，就得一生一世躲着它。"

不要让恐惧压倒你，不要让风险困扰你，勇敢前进就能达到成功的目的地。勇敢地行动吧，行动是减少恐惧和建立自信的最好方式。万事开头难，开头之后，逐渐就会轻车熟路。到那时，想让你恐惧都难。

别给自己留后路。面对恐惧，不要给自己留有余地。一旦留了退路，就会产生退缩的心理。这样，永远不会闯过"恐惧"的难关。古希腊的军队出海打仗时，登陆后的第一件事情就是烧掉自己的渡船，除非胜利，否则就别想回家，这样一来士气明显大增。当我们给自己留了选择的余地，就会缺乏面对困难的勇气，成功也便成了奢望。

内心的恐惧其害无穷，如果你将其作为心中的信仰，它就会像恶魔一样，无形中吞噬着你的意志力和战斗力，梦想将永远成为梦想。与其恐惧度日，与其让恐惧吞噬你的意志力和战斗力，还不如勇敢地向恐惧挑战，一搏输赢！

成功的人，都是大胆的、勇敢的。在他们的字典里，是没有"惧怕"两个字的。他们相信自己的能力是能够干一切事业的，他们自认是很有价值的人。恐惧是人类原始的认识之一，它是人类生存的本能反应。恐惧会让你停滞不前、囿于现状，无法实现自己的远大目标。"不要让恐惧左右自己"，勇敢地面对人生，无论遭遇到什么，依然保持生活的勇气，保持不屈的奋斗精神，做一个真正的强者。

越困难越要坚持

这个世界上风险无处不在，无时不有，没有绝对安全的事情。冒险意味着危险，同时也意味着机会。在危险面前，只要你能学会坚持，冷静沉着地应对一切，成功很快就会到来。正如伟大的科学家诺贝尔所说："坚忍不拔的勇气，是实现目标的过程中不可或缺的条件。"

西点人从不把困境看成是一种苦难，所以无论多么艰险的情况下，他们依然能坚持下去，最终完成任务。西点人把艰难困苦看作是磨炼意志的一种手段，只有经历过磨炼，才能成为一个强者。

考克斯从西点军校毕业后，到空军服役，成了一名飞行员。那是一次冬季飞行，考克斯突然感到飞机上比自己想象的要热一些。

考克斯开的飞机上的除冻器是将空气从热的发动机带出来——这和汽车上刚好相反。这些空气通过一个弯曲的加热管道然后以很高的温度喷向座舱，尽管其中混杂了周围的空气，但它还是使座舱越来越热，远超过你能忍受的程度，所以你不能让除冻器运行超过你想要的时间。

不久，考克斯注意到座舱越来越热，他伸过手去想关掉开关，但是他发现它已经是关闭状态。无论考克斯怎样做，都有越来越多的热空气奔向驾驶舱。他没有办法控制温度。那时，他们正飞行在恶劣的冬日风雪中——暴风、大雪、冰雹等，外面情况险恶，里面还有一个更大的问题，热浪在座舱中肆虐，他却毫无办法。

考克斯发信号给控制台，解释自己的处境，他决定不飞原定的目的地密歇根，而是尽快返回他们起飞的地方。考克斯找到一个安全的区域，在控制台的允许下做低空飞行。那样他就可以尽快用掉燃料而返航（飞机带着满满的燃料在结冰的跑道上降落是很危险的，因为冰上的高速降落会将飞机超重的部分抛出去。当时还有大约四吨燃料要用完）。那时一大股热气涌入座舱，热得考克斯几乎无法进行思考。

降到低空后，考克斯做了个270度大旋转，并做了一些技巧动作来加快耗掉燃料。点燃后燃器，而后将它关掉，同时又将油门推回到后燃器位置，这样燃烧器不会再点燃，但多余的燃料会从尾管中源源不断地排出去。这可能是"最差"的卸掉燃料的方法了。

突然座舱中充满了烟雾，考克斯的双眼开始流泪。除冻器也受不了高温，开始燃烧了。考克斯快要脱水了！那时他真想将驾驶舱顶篷"弹"掉来逃离热气，但恶劣的天气会使无顶篷的着陆危险不堪，因而座舱的炼狱继续着。飞机的燃料耗得差不多了，考克斯和要着陆的机场联系，想直接飞回机场。人人都知道这很危险，因而考克斯征求地面控制台的意见。

地面控制台告诉考克斯，由于机场风雨突然反向，着陆必须和平常的方向相反。他们正匆忙计算数据，当时还无法给他一些降落的信息。考克斯的眼睛开始刺痛，眼泪已让他无法看清东西了，幸运的是呼吸还没有问题，因为有氧气罩。地面控制台开始指引他降落。考克斯什么也看不见，云雾几乎笼罩着地面，他们让考克斯从最小倾斜度降落，那样如果低空没有云层的话，可以再兜一圈重试。考克斯冲出了云层，但前方却没有跑道。跑道在他左边300米处，一切危险都到齐了，本不应该发生的都在今天来了。

考克斯把操纵杆向前推，飞机上升，又飞回了云层。

"让我们告诉你如何做，"地面控制台说道，"我们来告诉你同时转向及转多少度角，以及何时离开。"考克斯仔细按照他们的指引去做。他在风雪中如瞎子般盲目飞翔着，祈祷来自地面的声音能让自己从云层中钻出来，出来时一个长而美的跑道能够恰好展现在自己的面前。

第二次，考克斯飞到一个云层开裂处，他能看见了——否则只好重来。穿过云层，他能分辨出自己所处的位置，很好，这次他只是偏右了50米，他立即向左转了个70度的大弯……好了，这次他正对着跑道。

但是此时，考克斯已经快到跑道的尽头了，如果他试着降落的话，到跑道尽头处飞机肯定还会有很高的速度——这不是个太好的主意。

这时，考克斯想起了自己在西点军校中学到的一句话："如果你没有选择的话，那么就勇敢地迎上去。"除了将飞机拉起来盘旋一圈后再来一次，他别无选择。再试一次是很危险的，因为有很多细小的东西要校对，那一刻，考克斯毫无遗漏地照控制台发给自己的指引去做。现在有个好现象，就是座舱开始变凉快了，因为除冻器已经报废了。但此时，考克斯又陷入燃料耗尽的困境中，他开始后悔放掉了那么多燃料，他只剩下再来一次的燃料。他呼叫："如果此次我还不成功的话，给我指定一个人烟稀少的区域，我将跳伞。"

考克斯又来了一次，这次，当他还在云层中时，控制台就告诉他太靠左了，于是，他又向右转了一些。

但是控制台又重复道："你太靠左了，立即向右转！"考克斯还是看不到跑道。但基于两次右转尝试，他觉得自己可能已经到了正确位置，凭感觉他不想再改变位置了。

很多时候我们都要决定是听取别人的建议还是相信自己的感觉。考克斯飞快地做了选择。一旦做完选择，他就会面临三个结果：5秒钟内，他可能在跑道上，可能在降落伞上，还可能死去。考克斯当然选择降落在跑道上。毫无疑问，他根本就不想跳伞。

当考克斯冲出云层时，跑道正摆在他面前。飞机着陆了，就在考克斯将飞机停下来时，发动机自动熄火了，燃料用尽了。

回过头来看看，如果这期间考克斯内心只有恐慌的话，他会毁了自己和飞机。幸运的是，考克斯没有抱怨，而是沉着冷静地面对一切困难。

此后，每当困难和低沉时，考克斯总是对自己说："是的，这难道比那次空中遇险还要糟吗？当然不！我想如果那时我能挺过来，什么事我都会挺住的。"

歌德曾经说过："你若失去了财产，你只失去了一点；你若失去了荣誉，你就丢掉了许多；你若失去了勇敢，你就把一切都丢掉了。"学习西点军人勇于冒险求胜的精神，你才能比你想象中的做得更多、更好。在勇冒风险的过程中，只有勇敢能使自己的平淡生活变成激动人心的探险经历，这种经历会不断地向你提出挑战，不断地奖赏你，也会不断地使你恢复活力。

人生的海洋里到处是暗礁，它的出现经常出人意料，但只要勇敢面对，不被突如其来的困难所吓倒，就能克服它，走出失败的阴影。正像爱迪生所说的："伟大人物的最明显的标志，就是他坚强的意志，不管环境变幻到什么地步，他的初衷与希望仍不会有丝毫的改变，而他最终能克服困难，达到预期的目的。"许多时候，我们遭遇失败就是因为我们缺少了一点点坚持，一点点执着，一点点不屈不挠的毅力。成功的曙光分明就在眼前，但是我们却没有信心和毅力再坚持下去，结果从前所遭受的艰难困苦也都白费了。

幸运喜欢勇敢的人

西点军校学员毕业后就是军队的管理者，他们的勇敢不是单纯的个人行为，而是一个整体效应，是带有责任的勇敢。军官的职位越高，就越需要深思熟虑来指导胆量，使胆量具有内在的力量，在追求目标的时候不至于冒很大的风险。因为军人的职位越高，涉及个人牺牲的问题就越少，涉及他人和全体安危的问题就越多。

在高级军官的活动中，智力、意志力和认识能力起主导作用，这种有卓越智力指挥的胆量是英雄的标志。智力和认识能力受到胆量的鼓舞越大，它们的作用也就越大，眼界就越开阔，结论也就越正确。没有胆量根本就谈不上成为杰出的军官。

麦克阿瑟的司令部虽然在隧道里，但他却把家安在地面上，时刻会有遭空袭的危险。每次空袭警报一响，妻子便带着小阿瑟奔向一英里远的隧道，而麦克阿瑟不是稳坐在家中，就是跑到外面去看个究竟。

有一次，他正在家中办公，日军飞机又来空袭，子弹穿过窗户打在麦克阿瑟身边的墙上。他的副官惊慌地冲了进来，发现他仍镇定自若地在工作，好像什么事也没发生一样。看到副官进来，他从办公桌上抬起头来问："什么事？"副官惊魂未定地说："谢天谢地，将军，我以为你已被打死了。"他回答道："还没有，谢谢你进来。"

在另一次空袭中，他从隧道里跑出来，毫不畏惧地站在露天下，观察日军飞机的空中编队，数着飞机的数量。他的值班中士摘下头上的钢盔给他戴上，这时一块弹片正好打在这位中士拿着钢盔的手上。奎松得知此事后，立即给麦克阿瑟写了一封信，提醒他要对两国政府、人民及军队负责，不要冒不必要的危险，以免遭到不幸。但麦克阿瑟把自己的这种举动看作是自己的职责，认为在战争中要实施有效的领导，就必须与部下共同分担突然死亡的风险，在指挥官和他的士兵之间结成患难与共的兄弟关系。这样，当士兵们看到他同他们在一起时，会非常高兴的。

麦克阿瑟在危险时刻，能冷静地分析当时的境况，清楚只要让士兵看到指挥官站在前面，与士兵之间结成患难与共的兄弟关系，这些士兵才更有勇气去战胜强大的敌人。

勇敢不是匹夫之勇，也不是简单的血气之勇，而是理性、睿智指导下的胆量，闪耀的是一种强势的能力。不懂得害怕的人不能算勇敢，因为勇敢指的是面对一切风云变幻坚强不屈的能力。勇气就是在恐惧和狂妄之间的一种平衡因素。恐惧会产生胆怯，狂妄会导致鲁莽，而勇气会使人们勇敢地面对生活中不可回避的痛苦。

敢为天下先

在两军对阵的训练中，西点军校的学长们总是冲在最前面。虽然这是最危险的位置，但对西点军校学员来说，这是一个象征荣誉的位置。恺撒说："如果我是一块泥土，那么我这块泥土，也要预备给勇士来践踏。"

拿破仑将军亲率军队作战时，只要他站在前线，同样一支军队的战斗力，会增强一倍。军队战斗力的强弱在很大程度上取决于士兵们对统帅的敬仰与否。如果统帅抱着怀疑、犹豫的态度，全军便要混乱。拿破仑的勇敢与坚强，使他统率的每个士兵增加了战斗力。

西点学员明白具有勇敢精神往往能使平凡的自己做出惊人的事业来。胆怯和意志不坚定的人即便有出众的才干、优良的天赋、高尚的性格，也终难成就伟大的事业。西点军人非常清楚，他们的成就，绝不会超出他们的勇敢所能达到的高度。如果拿破仑在率领军队越过阿尔卑斯山的时候，只是坐着说"这件事太冒险了"。无疑，拿破仑的军队永远不会越过那座高山。所以，西点新学员被灌输着"无论做什么事，勇于冒险，都是达到成功所必需的和最重要的因素"这种冒险意识。

总是在最前面是一种积极的态度，也是一种敢为天下先的勇气。当胆小鬼掉头逃跑的时候，勇敢者选择的却是冲在最前面。

在查塔努加之战中，当时初出茅庐的麦克阿瑟所在的团奉命向一座陡峭的高地发起冲锋，因受到猛烈火力的压制而溃退下来。副官麦克阿瑟中尉深知被压在高地上进退维谷十分危险，只有占领高地，才能保存自己。于是，他带领三名掌旗兵突然出现在山坡上，挥旗挺进。第一个士兵倒下了，第二个、第三个士兵也倒下了，这时，麦克阿瑟毫不畏惧地从倒下的士兵手中接过军旗继续前进，并高声呐喊："冲啊，威斯康星！"部队如梦初醒，怒吼着冲上高地。胜利了，麦克阿瑟却精疲力竭地倒在地上，烟尘满面，血染征衣。司令官谢里登奔上山顶，一把抱起这位年轻的副官，呜咽着对士兵说："要好好照顾他，他的实际行动真正无愧于任何荣誉勋章。"

他成了团里的英雄，一年之内连续得到晋升，成为该军中最年轻的团长和上校。此时，他年仅19岁，从"娃娃副官"变成了"娃娃上校"。

危险的时候总是冲在最前面，是一名军人的职责，一名合格的军人是绝对不会逃避自己的责任的。

西点军校毕业生美国陆军上将、中央司令部司令、海湾战争多国部队总司令诺曼·施瓦茨科普夫曾经说过："下令要部下上战场算不上英雄，身先士卒上战场才是英雄好汉。"

同样地，对于一个企业或是一个想要获得成功的人来说，总是冲在前面就意味着可以最先捕捉到先机。同样的条件下，走在前面的总是最容易获得成功的。

成功者绝不等待时机的成熟，等待时机成熟也就意味着失去了最容易获得成功的机会。当你觉得没有任何风险而决定从事某项事业的时候，你已经失去了最佳的时机。当你跟着别人的脚步，你所获得的成功也就无法超越他人了。

世界上聪明的人很多，而成功者却很少，很多聪明人在已经具备了可以成功的基本条件时，仍在等待很多的条件，从而失去了机会。抓住每一个机遇，利用自身所拥有的每一点优势，立即投身进去，从而让自己成长起来。

送给年轻人的第 8 份礼物：火一般的精神
——成功取决于你的热忱

~~~~~~

西点军校总是这样教导学员：不管处境多么糟糕，都要始终热爱自己的职业。以这样一种积极的态度工作，你将取得意想不到的良好效果。在西点军校，新学员经常被安排去清理宿舍楼里的垃圾，他们不但没有抱怨，而且很高兴，因为他们认为，这是另一种方法的训练，可以锻炼自己的忍耐力、臂力和全身的协调能力，而这是在平常的训练中没有的。

　　因此，西点学员们总是能有一种很好的心态，哪怕被迫去做一些乏味的事情，也从来不找任何借口，他们都会充满激情地投入其中，也要设法使它们变得充满乐趣。

热情让一切皆有可能

西点学员都知道，活着就是为了使自己获得更多的快乐。因此，他们把每天的训练都看作是娱乐或惬意的事情。

近些年来，为了更好地激发学员的激情，西点军校举办了一系列"领导者论坛"，对筹资、团结计划和毕业生事务进行详细讨论。在会上，他们喜欢热情洋溢地谈论一些事。他们可能会谈论一场引以为豪的军事战役，或者一场正在进行的慈善活动，或者发生在西点的、毕业生们或赞同或反对的一项变革。

"热情的态度是做任何事的必要条件。任何学员，只要具备了这个条件，都能获得成功。"西点军校赛尔西奥·齐曼将军道出了成功的秘诀。

在西点军校流传着这样一句话："只要有热情，没有什么不可能。"就像爱默生说的那样："一个人，当他全身心地投入到自己的工作之中，并取得成绩时，他将是快乐而放松的。"

人一旦有热情就会受到鼓舞，鼓舞为热情提供能量，工作也因此充满乐趣。即使工作有些乏味，只要善于从中寻找意义和目的，热情也会应运而生。而且，当一个人对自己的工作充满干劲时，他便会全身心地投入到工作之中。这时候，他的自发性、创造性、专注精神就体现出来了。

雅诗·兰黛是许多年来一直盘踞《财富》《福布斯》等杂志富商榜首的传奇人物。这位当代"化妆品工业皇后"白手起家，凭着自己的聪颖和对工作、事业的高度热情，成为世界著名的市场推销专才。由她一手创办的雅诗兰黛化妆品公司，首创了卖化妆品赠礼品的推销方式，使得公司脱颖而出，走在了同行的前列。她之所以能创造出如此辉煌的事业，不是靠世袭，而是靠自己对待工作和事业的激情得来的。在80岁前，她每天都能精神抖擞地工作十多个小时，其所持有工作的态度和旺盛的精力实在令人惊讶。兰黛退休后，依旧每天穿着名贵的服装，精神抖擞地周旋于名门贵户之间，替自己的公司做无形的宣传。

许多人对自己的工作一直未能产生足够的激情与动力，主要的问题可能就出在他根本不知道自己为何需要这份工作。其实，能拥有工作是幸福的。美国汽车大王亨利·福特曾说："工作是你可以依靠的东西，是个可以终身信赖且永远不会背弃你的朋友。"连拥有亿万资财的汽车业巨子都如此地热爱工作，那我们似乎也难以找出不喜爱工作的理由了。

由热爱工作，到对工作产生热情，是一个熟悉并逐渐深入工作的过程。当一个人真正具有了热情，你可以发现他目光闪烁，反应敏捷，浑身都有感染力。这种神奇的力量使他以截然不同的态度对待别人，对待工作。

IBM公司的人力资源部部长曾对记者说："从人力资源的角度而言，我们希望招到的员工都是一些对工作充满激情的人。这种人尽管对行业涉猎不深，年纪也不大，但是，一旦投入工作，所有的难题也就不能称之为难题，工作的热情激发了他们身上的每一个钻研细胞。他们周围的同事也会受到他们的感染，更加努力，有效率地工作。"

麦当劳店内的员工，他们的工作很简单，也很少遇到难办的要求，跟客户打交道也不会面临很多困难。但就是这么简单的工作，他们还是倾注了100％的热情。他们永远面带微笑，非常有礼貌地为客人服务，热情让他们做事机敏——工作速度既快，质量又高。

对于一个人来说，热情就如同生命。凭借热情，我们可以释放出潜在的巨大能量，形成一种坚强的个性；凭借热情，我们可以把枯燥乏味的工作变得生动有趣，使自己充满活力，培养自己对事业的狂热追求；凭借热情，我们还可以感染周围的同事，让他们理解你、支持你，拥有良好的人际关系；凭借热情，我们更可以获得老板的提拔和重用，赢得成长和发展的宝贵良机。

一个没有热情的人不可能始终如一、高质量地完成自己的工作，更不可能做出创造性的业绩。如果你失去了热情，就永远也不可能在职场中立足和成长，永远不会拥有成功的事业与充实的人生。所以，从现在开始，对你的生活和工作倾注全部的热情吧！

热情是工作的灵魂

西点军校第56届毕业生莱顿上将说："西点学员都把真挚、乐观的精神和不屈不挠的毅力当作走向成功的基石。因此，无论将来他们从事的是什么职业，他们都会用全部的热忱去努力。"

西点军校总是这样教导学员：不管处境有多么糟糕，也要始终热爱自己的职业。抱着这样一种积极的态度工作，你将取得意想不到的良好效果。因此，西点学员们总是能有一种很好的心态，如果他们因为环境所迫，而不得不做些乏味的事情，那么他们也要设法使它们变得充满乐趣。一个充满工作热情的人，会保持高度的自觉，把全身的每一个细胞都调动起来，驱使他完成内心渴望达成的目标。

西点军校的训练是枯燥的，如果缺乏对生活的激情，训练就会变成无休无止的苦役，这是一件非常可怕的事情。学员们在面对每一次训练的时候，如果能够全情投入，凭借着极大的热情和顽强的毅力，使得每一次训练都能够达到最好的效果。

西点学员在每一次的训练中都保持着和第一次训练时同样的热情和认真，这是非常值得我们学习的地方。我们应该像燃烧的火焰一般热烈，用满腔的热情和积极主动的正确心态面对生活和工作。

从西点军校退伍的学员无论在哪个行业工作，总是能够令人满意。而西点学员从一开始就知道应该把工作当成乐趣，他们无论在什么地方总能够体现自身的价值。

西点军校十分注重从一些细微之处培养学员的热情和积极性。西点学员都要学习解决生活中遇到的问题，譬如补鞋这个看似简单的工作，学员也要把它当作艺术来做，全身心地投入进去。无论是一个小小的补丁还是换一个鞋底，学员们都会一针一线地精心缝补。这样的学员给你的感觉，就像是一个真正的艺术家。

如果一个人觉得工作压力越来越大，工作对他而言只有紧张、毫无快乐可言时，那就说明他有些地方不合拍了。要想从根本上解决这个问题，他必须从心理上调整自己，否则换一万次工作也是枉然。

事实上，如果一个人能以精益求精的态度、火热的激情，充分发挥自己的特长来工作，那他做什么都不会觉得辛苦；如果一个人鄙视、厌恶自己的工作，那他一定会失败。

休斯·查姆斯是现代企业界的一个传奇人物，他的管理技巧令许多同行拍案叫绝，美国一家商人协会曾授予他"管理大师"的称号。他在担任美国"国家收银机公司"销售经理期间，曾面临一场危机，由于该公司的财务发生了困难，而这件事又恰恰被在各地负责推销的人员知道了。因此这些人都失去了工作热情，销售量开始下跌。到后来，情况严重到有可能使查姆斯和他手下的几千名销售员一齐被"炒鱿鱼"的地步。

于是，查姆斯决定召开一次全体销售员大会，由他主持这次会议。来自各地的推销员纷纷认为销售量下跌的原因是商业不景气，缺少资金。听着大家的抱怨，查姆斯突然跳到桌上高举双手说道："停止，大家停止十分钟，让我把我的皮鞋擦亮。"然后，他从容地请坐在附近的一名黑人小工友把他的鞋子擦亮。

皮鞋擦完之后，查姆斯给了那位小工友一块钱，然后发表他的演说："我希望你们每个人都好好看看这个黑人小工友。他拥有在我们办公室内工作的特权。他的前任是一位白人小男孩，年纪比他大很多，尽管公司每周补贴他五元的薪水，但他仍无法赚取足以维持生活的费用。这位黑人小男孩工作的对象完全相同，而他却可以赚到相当可观的收入。现在我问你们一个问题：那个白人小孩拉不到更多的生意，是谁的错？是他的错，还是他的顾客的错？"

那些推销员不约而同地大声说："当然是那个小男孩的错！""正是如此。"查姆斯接着说，"现在我要告诉你们，你们现在推销收银机和一年前的情况完全相同：同样的地区、同样的对象以及同样的商业条件。但是，你们的销售成绩却比不上一年前。这是谁的错？是你们的错，还是顾客的错？"

推销员相互看了看，又不约而同地答："应该是我们的错！"

查姆斯说道："现在我要告诉你们，你们的错误在于你们听到了有关本公司财务发生困难的谣言，这影响了你们工作的热忱。因此，你们就不像以前那样努力了。现在只要你们回到自己的销售地区，并保证在三十天中，每人卖出五台收银机，那么本公司就不会再发生什么财务危机了，以后再卖出的，都是净赚的，你们愿意这样做吗？"

大家都说愿意，后来果然办到了。

用心工作，最大的受益者是自己；糊弄工作，最大的受害者也必定是自己。一个用力工作的人，必能做到称职；只有用心工作的人，才能达到优秀。用心工作是一种工作态度，更是一种工作方法和工作哲学。从平凡到优秀，其实只有一个秘诀，那就是工作上要用心一点，再用心一点。只要用心去做，每个人都能成为最优秀的职业人！

许多时候，我们不能改变世界，但我们可以改变自己，以积极乐观的心态来面对一切。正如人们所说的："当你微笑地看着世界的时候，世界就是阳光灿烂的。"以积极乐观的心态对待你所喜欢或是不喜欢的事情，然后投入百分之百的热情，可以帮助我们克服惰性，挖掘自己的潜能，提高工作的质量和效率。那些自信、乐观、积极向上的西点学员，无论做任何事情都干劲十足，这样，就能给自己创造更多的机会，专心致志地把任务完成得更好。一个人对待工作的态度比工作本身更重要。

点燃你的生命之火

在西点人看来，热忱就是生命之船的风帆，没有它，生命就缺乏足够的力量。无论是在学校还是在战场上，热忱就是西点人克敌制胜的法宝，他们嘹亮的口号、整齐划一的动作，都是对军队和职责的拳拳之心，是热忱的外在体现。

对于一个人来说，热忱和积极的心态以及他成功过程之间的关系，就好像汽油和汽车引擎之间的关系，热忱是行动的动力。他可运用积极心态来控制自己的思想，也可以运用积极心态来控制自己的热忱，使它能不断地注入心灵引擎的气缸中，并在气缸内被明确目标发出的火花点燃并爆炸，继而推动信心和个人进取心的活塞。

热忱是一股力量，它和信心一起将逆境、失败和暂时的挫折转变成为行动。然而此变化的关键，在于你控制思维的能力，因为稍有不慎，你的思绪就会从积极转变成消极。借着控制热忱，你可以将任何消极表现和经验转变成积极表现和经验。

热忱对你潜意识的激励程度和积极心态的激励程度是一样的。当你的意识中充满热忱时，你的潜意识也同时烙上一个印象，那么你的强烈欲望和为达到欲望所拟定的计划是坚定不移的；当你对热忱的认识变得模糊不清，你的潜意识中仍然留存着对成功的丰富想象，并会再次点燃残存在意识中的热忱火花。

没有热忱的人，就像没有发条的手表一样止步不前。一位神学教授说："成功、效率和能力的一项绝对必要条件就是热忱。"一个缺乏热忱的人无法赢得任何胜利。为了使你对目标产生热忱，你应该每天都将思想集中在这个目标上，如此日复一日，你就会对目标产生高度的热忱，并愿意为它奉献。

"情绪未必会受理性的控制，但是必然会受到行动的控制。"你必须为你的热忱制定一个值得追求的目标；一旦你将你的热忱导向成功的方向，它便会使你朝着目标前进。

热忱的力量很大，当这股力量被释放出来支持目标，并不断用信心补充它的能量时，它便会形成一股不可抗拒的力量，足以克服一切贫穷和不如意。热忱给我们的积极力量是巨大的，一般而言，有以下几点：

（1）增加你思考和想象的强烈程度；

（2）使你获得令人愉悦和具有说服力的说话语气；

（3）使你的工作不再那么辛苦；

（4）使你拥有更吸引人的个性；

（5）使你获得自信；

（6）强化你的身心健康；

（7）建立你的个人进取心；

（8）更容易克服身心疲劳；

（9）使他人感染你的热忱。

但是，任何事物都有两面性，热情有积极的作用，也会有消极的后果。热忱失控可能会使你垄断谈话的内容，如果你一直谈论自己，其他人就会降低和你谈话的意愿，拒绝给你帮助和建议。

好的热忱能催人奋进，不恰当的热忱则会延误事情的发展，那么，我们应该怎样正确地培养自己的热忱，引爆内心成功的潜能呢？以下就是一些培养热忱的方法：

（1）定一个明确目标；

（2）清楚地写下你的目标、达到目标的计划，以及为了达到目标你愿意做的努力；

（3）用强烈欲望作为达成目标的后盾，使欲望变得狂热，让它成为你脑子中最重要的一件事；

（4）立即执行你的计划；

（5）正确而且坚定地照着计划去做；

（6）如果你遭遇到失败，应再仔细地研究一下计划，必要时应加以修改，别光只因为失败变更计划；

（7）与你求助的人结成团队；

（8）断绝使你失去愉悦心情以及对你采取反对态度者的关系，务必使自己保持乐观；

（9）切勿在过完一天之后才发现一无所获，你应将热忱培养成一种习惯，而习惯需要不断地补给；

（10）抱着无论多么遥远，你必将达到既定目标的态度推销自己，自我暗示是培养热忱的有力力量；

（11）随时保持积极心态，在充满恐惧、嫉妒、贪婪、怀疑、报复、仇恨、无耐性和拖延的世界里不可能出现热忱，它需要积极的思想和行动。

以上就是培养热忱的方法，但仅有方法还是不够的。培养热忱的目的是让热忱作为你人生成功的推动力。

假如你无法在实践中不断刺激和积累，先前培养起来的热忱将慢慢消磨殆尽。拿破仑·希尔告诉我们，热忱能够鼓舞及激励我们每个人。为了让我们时时处于对生活和事业的热忱中，我们还要学会提高热情度的方法。

（1）深入了解每个问题。想要对什么事热心，先要学习更多你目前尚不热心的事。了解越深入，越容易培养兴趣。

（2）做事要充满真诚的感情。一旦当你说话做事掺入真诚的情感，那么你已经有引人注意的良好能力了。

（3）要传播好消息。好消息除了引人注意之外，还可以引起别人的好感，引起大家的热心与干劲。

（4）培养"你很重要"的态度。任何人都有成为重要人物的愿望，只要满足别人的这个心愿，使他们觉得重要，那么他们就会尽全力地去工作。

（5）强迫自己采取热忱的行动。深入发掘你的工作，研究它，学习它，和它生活在一起，尽量搜集有关它的资料，这样做下去就会不知不觉使你变得更为热忱。

（6）不可以把热忱和大声讲话或呼叫混在一起。如果你内心里充满热忱，那么，你就会兴奋，这时，你的眼睛、你的面孔、你的灵魂以及你整个为人方面的表现，都会让你的精神振奋，从而去感染别人。

（7）身体健康是产生热忱的基础。一个人如果行动充满了活力，他的精神和情感也会充满了活力。

（8）说些鼓舞的话。在振奋你自己的同时，也振奋你周围的人。

（9）你要反省自己，要经常给自己打气。

（10）要知道你是一个天生的优胜者。

（11）要启发灵感。不要满足现状，不仅仅对你自己，而且对你周围的世界亦然。

（12）成功的热忱，终得有行动的热忱。

（13）要敢于向自我挑战。

（14）在极端困难的条件下，要有"破釜沉舟"的勇气。

热情就是成功的源泉。你的意志力和追求成功的热情越强，成功的概率也就越大。热情是一种状态——你24小时不断地思考一件事，甚至在睡梦中仍念念不忘。你的欲望就会进入潜意识中，使你能集中心志，不断向你梦想的事业前进。

释放热情的能量

西点军校戴维·格立森将军说："要想获得这个世界上的最大奖赏，你必须拥有过去最伟大的开拓者所拥有的将梦想转化为全部有价值的献身热情，以此来发展和展示自己的才能。"

西点军校的辉煌业绩当然也少不了热情，当西点新学员在训练中遇到挫折或失败的时候，他们绝不会找借口为自己开脱——比如说自己的身体健康有问题、没有完全发挥等，而是仔细地审视一下自己。西点学员从不无精打采地学习、磨磨蹭蹭去训练，实际上，正是这些因素决定他们在未来战争中的胜负。因此，热情对于一个西点学员来说就如同生命一样重要。

而那些充满乐观精神、积极上进的西点学员，做什么事情都是干劲十足，神情专注，心情愉快，自己创造机会、把握机会，一心想把任务完成得更好。

西点军校上尉艾赛巴克·尼尔曾说过："我们从不把西点军校的生活看作是乏味的事情，我们从军事训练中获得更多的意义。"

西点学员从学习当中找到乐趣、尊严、成就感以及和谐的人际关系，这是他们作为一个合格军人所必须承担的责任。西点军人依靠热忱成功，在现实的工作岗位中也是如此。

著名棒球运动员杰克·沃特曼正是凭借着热情，创造了一个又一个奇迹。"当我退伍后，我加入了职业球队，但不久，遭到有生以来最大的打击，因为我被开除了。我的动作无力，因此球队的经理有意要我走人。他对我说：'你这样慢吞吞的，哪里像是在球场混了二十多年？杰克，离开这里之后，无论你到哪里，做任何事，若不提起精神来，你将永远不会有出路。'本来我的月薪是175美元，离开之后，我参加了亚特兰大球队，月薪减为25美元，薪水这么少，我做事当然没有热情，但我决心努力试一试。待了大约十天之后，一位名叫丁尼·密亭的老队员把我介绍到罗杰斯曼顿镇去。在罗杰斯曼顿镇的第一天，我的一生有了一个重大的转变。我想成为得克萨斯最具热情的球员，并且做到了。

"我一上场，就好像全身带电一样。我强力地击出高球，使接球手的双手都麻木了。记得有一次，我以强烈的气势冲入三垒，那位三垒手吓呆了，球漏接了，我击垒成功了。当时气温高达38°C，我在球场上奔来跑去，极有可能中暑而倒下去。

"这种热情所带来的结果让我吃惊，我的球技出乎意料的好。同时，由于我的热情，其他的队员也都兴奋起来。另外，我没有中暑，在比赛中和比赛后，我感到自己从来没有如此健康过。第二天早晨我读报的时候异常兴奋。《得克萨斯时报》说：'那位新加入的球员，无疑是一个霹雳球手，全队的其他人受到他的影响，都充满了活力，他们不但赢了，而且打出了本赛季最精彩的一场比赛。'由于对工作和事业的热情，我的月薪由25美元提高到185美元，多了7倍。在后来的两年里，我一直担任三垒手，薪水加到当初的30倍之多。为什么呢？就是因为一股热情，没有别的原因。"

对于我们来说，最佳的工作效率也是来自于高涨的工作热情。兴致勃勃会让人更好地发挥想象力和创造力，在短时间里取得惊人的成绩。每个人在生活与工作中并不都是一帆风顺的，都有不愉快、消沉的时候，有时繁杂的工作也会让你心情不佳。即使这样，工作也不会像你期望的那样向后顺延。为了保证工作的质量，在工作时必须排除不必要的干扰，即使不能做到心情舒畅，也要做到心平气和，集中精力，专心地工作。

西点军校中的每一个学员都知道，若要做到快乐工作，就必须热爱自己的工作。日日重复着同样的工作，好像挺枯燥乏味的。但换个角度去看，你就可以在工作中发现很多有趣的事情，更可以累积大量的经验，学习到许多新的知识，这样一来，即使碰到什么不愉快的麻烦事情，也可以得心应手地将它处理好。在工作中，必须要调节好自己的情绪，你的脸就好像一面镜子，人家在你脸上看到的就是你所得到的。如果在工作中始终保持积极的心态，浅笑盈盈，满面春风，给客户、同事带来愉悦的心情，他们回报你的必然也是笑容和快乐。

对工作的热情或是激情源自对取得工作成绩的渴望，需要实现自己明确目标的欲望，也是成为优秀员工的必备要素。所谓对工作的热情或激情，就是一个人保持高度的自觉，就是把全身的每一个细胞都调动起来，完成他内心渴望完成的工作。热情或激情是一种强劲的工作情绪，一种对人、事、物和信仰的强烈情感。所谓对工作有激情就是指像"工作狂"一样工作，并使自己真正成为工作狂，只有使自己成为工作狂，手中的工作才会在最短的时间内做出最好的成绩。

拿破仑发动一场战役只需要两周的准备时间，换成别人那会需要好几个月。之所以会有这样的区别，正是因为他那无与伦比的激情。战败的奥地利人目瞪口呆之余，也不得不称赞这些跨越了阿尔卑斯山的对手，"他们不是人，是会飞行的动物。"

拿破仑在第一次远征意大利的行动中，只用了15天时间就打了6场胜仗，缴获了21面军旗，55门大炮，俘虏15000人，并占领了皮特蒙德。在拿破仑这次辉煌的胜利之后，一位奥地利将领愤愤地说："这个年轻的指挥官对战争艺术简直一窍不通，用兵完全不合兵法，他什么都做得出来。"但拿破仑的士兵也正是以这样一种根本不知道失败为何物的热情跟随着他们的长官，从一个胜利走向另一个胜利。

缺乏对战争的激情，军队无法克敌制胜；缺乏对工作的激情，音乐家不会创造出震撼人心的音乐，建筑师不会设计出富丽堂皇的宫殿，诗人不能用诗歌去打动人类的心灵；缺乏热情，即使有多么美好的愿望，也无法变为现实。也正是因为激情，伽利略才举起了他的望远镜，最终让世界都为之信服；也正因为激情，哥伦布才克服了艰难险阻，领略了巴哈马群岛清新的空气。

我们每个人都想获得成功，决定成功的因素又有很多，但自己的态度是最核心的因素。不同的态度，产生的人生体验和结果是截然不同的，因为心态可以影响我们的认知，对工作充满激情的人是企业最欣赏的人。任何企业都希望员工对工作抱有积极、热情、认

真的态度，因为只有这样的员工才是企业进步的根本。具有激情的
员工能够感染别人的情绪，使事情向良好的方向发展。

热情不仅是促进团队发展的润滑剂，还是一个人品质的另一种
体现。可是在公司中为什么有的员工却把工作当作苦役呢？绝大多
数的员工都会觉得工作太枯燥了。然而实际上，问题往往出在员工
对待公司的态度上，最主要的还是出在员工自己身上。如果员工本
身不能热情地对待自己的工作，那么即使让他做他喜欢的事情，一
个月后他依然觉得工作乏味至极。

与其说成功取决于人的才能，不如说取决于人的热忱。当我
们兴致勃勃地工作，并努力使自己的上司和顾客满意时，我们所获
得的利益就会增加。热忱是一种神奇的要素，会吸引具有影响力的
人，同时也是成功的基石。

希望我们所有的人都能够迅速清醒地认识到"培养较高的工
作热情"的重要性和必要性，早日摒弃身上"浮躁、不求上进、茫
然"的缺点，树立"积极、正确、乐观"的工作心态，带着热忱和
信心去工作，全力以赴。

送给年轻人的第 9 份礼物：提升自我
——努力学习，终生拼搏

西点军校告诉学生，在学校里获取教育仅仅是一个开端，其价值主要在于训练思维并使其适应以后的学习和应用，唯有把握生命的每分每秒，把学习当成终生的事业，才能使自己成为一名优秀的军人。而西点军校第一任校长、著名政治家和科学家乔纳森·威廉斯说："不管你有多么伟大，你依然需要提升自己，如果你停滞在现有的水平上，事实上你是在倒退。"所以，西点学员都注重学习和自我提升。

不断提升自我

西点人认为，一个人一旦满足于目前所得的成就，便失去了继续前进的动力，不再追求更高的目标。西点人把每一本书、每一个人、每一件事都当作最好的教材。他们认为经验和教训是深入浅出、生动翔实的教材，它们极具针对性和实用性，绝非那些脱离实际的理论可比的。

西点人的另一个优点便是知识丰富。无论是驰骋疆场的将军，还是闯荡商场的精英，西点人都有深厚的知识底蕴。艾森豪威尔将军可以背诵世界地图，麦克阿瑟将军则会操作几乎所有的武器……

西点从不认为一个只发展了单一能力的人是一个真正的人才，一个没有接受过良好教育、拥有丰富知识的人，也谈不上是一个真正成功的人。要读好书，必须先打好基础，打好了基础，才能在这基础上做研究，基础要求广，钻研则要求深，广和深也是统一的，只有广了才能深，也只有深了才要求广。因此，西点军校同哈佛、耶鲁等常春藤学校一样，设置了诸多学科供学员们学习，比如英语、文学、军事、历史、法律、地形分析……其中核心必修的课程便有32门！为了配合学员们的学习，西点还设有馆藏丰富的图书馆与阅览室。

我们身边不乏这样的人：当你建议他去学习的时候，他会叫苦连天，称太累了，没有时间，精力不够，等等。总之，他不学习的理由永远比要学习的理由多。然而，我们必须认识到，这是个瞬息万变的商业世界，每个人都如逆水而行的小船，不进则退。未来的职场竞争将不再是知识与专业技能的竞争，而是学习能力的竞争。因此，保持学习的状态，不断地提升自我，将不仅仅是我们走向成功、追求卓越的必由之路，而且是保存实力、继续生存的唯一选择。

众所周知，我们赖以生存的知识、技能和车子、房子一样，会随着岁月的流逝而不断折旧。美国职业专家指出，现在职业半衰期越来越短，所有高薪者若不学习，不出5年就会变成低薪者。当10个人中只有1个人拥有电脑初级证书时，他的优势是明显的；而当10个人中已有9个人拥有同一种证书时，那么原来的优势便不复存在。"流水不腐，户枢不蠹"，一个人只有保持不断学习、终生拼搏的状态，才能跟得上社会的变化，才不至于被时代淘汰。

系山英太郎，一位在日本政商界呼风唤雨的显赫人物，30岁便拥有了几十亿美元的资产，32岁成为日本历史上最年轻的参议员。2004年《福布斯》杂志全球富豪排行榜上显示，系山英太郎个人净资产达49亿美元，排行第86位。

他的赚钱秘诀何在？

系山英太郎回答道："善于学习是制胜的法宝。"

系山英太郎一直信奉"终生学习"的信念，碰到不懂的事情，总是拼命去寻求解答。通过推销外国汽车，他领悟到销售的技巧；通过研究金融知识，他懂得如何利用银行和股市让大量的金钱流入自己的腰包……即使后来年龄渐长，系山英太郎仍不甘心被时代淘汰。他开始学习电脑，不久就成立了自己的网络公司，发表他个人对时事问题的看法。即使已是年迈之人，系山英太郎依然勇于挑战新的事物，热心了解未知的领域。正是凭借终生学习，系山英太郎让自己始终站在时代的潮头。

在风云变幻的职场中，善于创新、充满活力的新人或者经验丰富的业内资深人士不断地涌进你所在的行业或公司，你每天都在与几百万人竞争，因此你必须不断提升自己的价值，增加自己的竞争优势，保持终生拼搏的劲头，否则你将无法保持现有职位，更别提会有什么发展了。正如科学家钱伟长所说的："学习是终生的职业。在学习的道路上，谁想停下来就要落伍。"

李嘉诚虽然逐渐衰老，但依然精神矍铄，每天他要到办公室中工作，从来不曾有半点懈怠。据李嘉诚身边的工作人员称，他对自己业务的每一个细节都非常熟悉，这和他几十年养成的良好的生活、工作习惯密切相关。

李嘉诚晚上睡觉前一定要看半小时的新书，了解前沿思想理论和科学技术。据他自己称，除了小说，文、史、哲、科技、经济方面的书他都读，每天都要学一点东西。这是他几十年保持下来的一个习惯。他回忆说："年轻时，我表面谦虚，其实内心很骄傲。为什么骄傲？因为当同事们去玩的时候，我在求学问，他们每天保持原状，而我的学问却在渐渐增长，可以说是我一生中最为重要的。现在仅有的一点学问，都是在父亲去世后，相对清闲的时间内每天都坚持学一点东西得来的。因为当时公司的事情比较少，其他同事都爱聚在一起打麻将，而我则是捧着一本《辞海》、一本老师用的课本自修起来。书看完了卖掉再买新书。每天都坚持学一点东西。"

李嘉诚能有今日的成就，绝非偶然。李嘉诚靠着自己的勤奋努力在商场上纵横驰骋，终成就其霸业。每天都坚持学一点东西，使他始终没有被快速发展的时代抛在后面，也使他有足够的智慧应对商场中的各种风险。正如萧楚女所说的："人永远是要学习的。死的时候，才是毕业的时候。"无论是否身处职场，我们都要活到老、学到老，方能跟得上时代的节奏。

很多管理学家都认为21世纪是学习力竞争的时代。真正的文盲，不是不识字、没有文化的人，而是没有学习能力、没有教养的人。人们的智力相差无几，要想在行业竞争中立于不败之地，不仅要学习书本知识，更需要在社会这所大学中多向值得自己学习的人学习。

以上司为榜样

西点军校成立之命令签署人托马斯·杰弗逊说："每个人都是你的老师。"西点军校的每一门课程，授课老师在其专业领域都是具有实务经验的。教授军事历史的老师，是亲自参与过军事行动、创造历史的人；国际关系的老师就来自于外交界；教作文的老师，也是派驻过全球各地，担任过多年公关幕僚的军官。这些教师带来丰富的实务经验，与理论相辅相成。

西点的教师会让学生们明白，做一个军事指挥官，并不是只要雄赳赳、气昂昂就可以。军事将领同样需要博学多识。西点教官最常讲的就是巴顿将军的故事，巴顿将军在沙漠里看到隆美尔向他的部队走过来，第一句话并不是说："隆美尔，我要把你宰了。"他是兴奋地大叫："隆美尔，你这只老狐狸，我读过你的书！"

每个人都应在合适的范围内，寻找能弥补自己弱点及不足的老师。因为我们需要成长，需要不断地发挥潜能去实现自我价值，而老师的经验及智慧又是我们尽可能赶超别人，尽快实现自我的捷径。尊重有经验的人，才能少走弯路。

在优秀的企业里，老板本身便是最优秀的员工。对于员工来说，他们不仅是老板，更是老师。在他们身上，有着许许多多的品质值得人们学习，如沃尔玛的创始人山姆·沃尔顿本身便是节俭的典型，松下电器的松下幸之助便是无私奉献的模范，中国的李嘉诚更是艰苦奋斗的突出代表……在这些成功者的身上，有着太多太多优秀的品质，值得人们细细品味和认真学习。像华为的许多领导就以身作则，平时和员工们打成一片，吃饭都是上小饭馆或大排档，经常为了工作加班加点。这样的学习榜样就离员工们很近，极富有说服力。员工们纷纷向他们看齐，把主要精力放工作上来，甚至吃饭、休息、聚会时都三句不离本行，说的始终跟华为有关。有一回，大家聊着聊着，突然有人说："下班了干吗还谈什么华为啊，聊点别的！"同志们"嗡"的一声开聊别的话题。聊着聊着，突然又有人说："刚才不是说不谈华为了吗？怎么又聊起华为来了？来，喝酒，喝酒。"很显然，如果员工们不善于向老板学习，是根本不可能出现这种情形的。

成功守则中最伟大的一条定律：待人如己，也就是凡事为他人着想，站在他人的立场上思考。当你是一名雇员时，应该多考虑老板的难处，给老板多一些同情和理解。只有这样，你才能舍弃敌对的情绪，学会发现老板身上的优点，向老板学习，而这才是对你真正有益的。

这条黄金定律不仅仅是一种道德法则，它还是一种动力，推动整个工作环境的改善。当你试着待人如己，多替老板着想，多向老板学习的时候，你自然而然会变得谦卑、好学，而老板也会变得可亲可敬起来。

此外，这也是员工训练自己像老板一样思考与工作的重要手段。像老板一样思考的员工，具有极强的责任意识，而且具有强烈的使命感，他们无论做什么事都目标清晰、方向明确，具有把远见转化为现实的能力。他们无论在什么时候都把个人目标与团队的目标紧密地联系在一起，从不把问题留给老板。他们清楚自己的使命，认为每个人都可以使公司有所改变，公司的每一个变化、进步，都与个人密切相关。

与其抱怨老板，不如学会理解；与其羡慕老板，不如向他学习。老板作为企业的负责人，是整个企业里最值得我们学习的对象。一个懂得站在老板角度上考虑问题，懂得凡事向老板看齐、向老板学习的员工，也必定是个胸怀大志、严于律己的人。这样的员工最容易取得优秀的业绩和长足的进步。对此，老板又焉有不爱惜与重用的道理？

把知识转化为能力

西点军校前校长米尔斯说："每个人所受教育的精华部分，就是他自己教给自己的东西。"西点认为，一个人只有知识是不行的，必须学会把知识转化为能力。知识只是一种积累，而能力才是最有价值的东西。西点军校的课程设置是相当全面的，它所要培养的是有知识、有能力的真正的人才。

美国时代华纳公司的董事长理查德·帕森斯认为，"仅有聪明是不能把任何人带到高职位的。今天商业界的领导人士其考试分数并不理想。"高学历、高分数只能说明你本身聪明，在掌握知识方面的能力超然卓越。但是仅有知识是不够的，能把知识转化为能力才是学习的最高境界。

有一位射箭技术非常厉害的猎人，被村民尊称为"猎神"，村里的食物来源几乎都靠他来供应。猎神的宝贝儿子也同他一样高大挺拔，猎神希望儿子可以得到自己的真传。他把所有的知识和经验全部倾囊相授，儿子也学得十分用心，对各种野生动物的习性了如指掌。学成之后，猎神很放心地把弓箭交给儿子，让他独自一人去山上打猎。

半个月后，儿子满载而归。猎神很高兴，但很快又高兴不起来了，因为儿子一回到家便倒地不起，不久就撒手人寰了。

原来，猎神的儿子不小心被蜜蜂蜇到了，伤口感染了细菌没有及时处理，导致一命呜呼。猎神痛彻心扉，难过不已。多年来，他一直苦心栽培这个儿子，让儿子知道打猎的每个步骤，如何扎营、如何与各种动物周旋，没想到儿子连猛虎都不怕，却死于一只微不足道的小蜜蜂手里。

一个老朋友得知了猎神的心情，诚恳地对他说："你只能教给他技术，却无法传授他经验和教训，人生本来就有太多的意外，你又有什么好不甘心的呢？"

纵使拥有许多过人的知识，但是实战远比想象中复杂。我们不仅要掌握知识，更要在实践中将知识化为能力。"读万卷书，行万里路"，就是要求人们有较多的学识和丰富的经验，也是要人们能将理论与实际联系起来，学以致用，善于利用知识处理各种情况。丰富的经验也是成大事者不可或缺的资本，特别是年轻人，由于涉世未深，他们的经验一般较少，这就要求他们不但要注意书本知识的积累，还要注重现实生活中的知识积累。

欧阳学的是摄影专业，在学校时曾经拿奖拿到"手软"，毕业后，他带着学校对他的厚望开始寻找第一份工作。

很快，欧阳在一家大的影楼找到了一份摄影师的工作，他满以为凭自己的本事，肯定能成功。谁知，一个月没到，老板就对他表示出很不满意的态度。

一天，老板把他的作品扔到了桌子上，说："我已经接到两次客人对你的投诉了，你拍的这是什么东西？"欧阳争辩道："他们懂什么，这是艺术！"

老板一听，更加生气："现在给你两条路，要么带着你的艺术离开这里，要么就认认真真按照客户的要求拍照。"欧阳一听，很不服气，马上收拾东西负气离开了影楼。

此后，欧阳又换了几份工作，但每次都很快被辞退。

很多人可能都有过类似欧阳的经历，自认为才华横溢，却处处碰壁，不被认可。他们不明白才华只有和实际相结合，尽力满足客户的需要，帮助企业赚取利润，才能真正体现价值。

学以致用就是把所学的知识运用到实践中来，这是成大事者必备的一种能力。这一点之所以重要，就是因为有很多人不能把知识和实践结合起来，不能两者并用，不能充分发挥自己手中知识的力量。

知识的作用只有在运用中才能被发挥出来，这也正是成功者之所以能做成大事的关键所在。要想将知识转化为真正的力量，转化为引导你走向成功的资本，就要养成良好的学以致用的习惯，从而使所学有所用，所学为你所用。

时代的发展促使人们打破了往日对知识的理解。人们已认识到，知识并不等于能力。21世纪对能力界限的新要求迫使人们重新审视自己所学的知识。但不管时代怎样发展，我们都应保持清醒的头脑，必须清晰明了地理解知识与能力的关系。培根提出"知识就是力量"的口号以后，又明确地指出："各种学问并不把它们本身的用途教给我们，如何应用这些学问乃是学问以外的、学问以上的一种智慧。"

永不满足于现状

西点军校前学员团团长麦康尼夫说："闲暇时光如果不用来读书，以累积发展自我的力量，而在无所事事中任其流逝，是非常可惜的。"西点军校的训练是循序渐进的，在难度不断提高的训练科目中，学生的素质得到不断提高。西点军校要求学员永远要向着更高的目标前进，永远都不要停止进取的脚步。

一个人一旦满足于现状，便很难获得更大的成就和突破。而在这个竞争日趋激烈的社会，不前进便意味着后退，就可能被无情地淘汰。一旦你停止前进，便会被别人所赶超。

西点军校永远需要最好的领导者，需要永远前行的军人，而不是拥有一点成绩便沾沾自喜的"骄傲的将军"。

从西点军校毕业的美国第34任总统艾森豪威尔认为："在这个世界上，没有什么比坚持不懈、不断进取对成功的意义更大。"西点军校的著名名言也是这么说的："You will shape up or shake up!"意思是说，你要不断进取、发挥才能，否则将被淘汰。

"如果你们认为自己做得够好了，那么微软离破产就只有15个月！"这是比尔·盖茨时常训诫员工的话。这话听起来有些耸人听闻，然而细细品味，确实发人深省。

现在很多的职场人士对工作持有"只要称职就足够了"的态度，他们认为只要"差不多"就可以了，没有必要做到最好。然而，恰恰是这样的想法，让他们永远无法得到老板的青睐，永远难以获得提升自己的机会，甚至可能等到被解雇的通知单。

在查理进入麦克森公司的第三年，他没有接到公司续约的通知，反而接到了解雇通知。查理非常不解，自从进入公司，他一向中规中矩，无论与上司还是同事相处都很有分寸，没有得罪过什么人，按照岗位职责来说，他绝对是一个称职的人，为什么公司要解雇自己呢？他找到经理询问缘由，经理说："确实，你是一个称职的员工，但这还不够，我们需要的是在这个岗位上能创造更多价值的卓越员工。"

查理的遭遇告诉我们，在工作中，仅仅称职是远远不够的，公司需要的是大量可以创造更多价值的员工。满足于现状很容易成为温水中的青蛙，危险来临的时候依然浑然不觉。

很多员工在没有一点成绩的时候，刻苦努力，像老黄牛一样踏踏实实地劳作，但一旦取得一些成绩之后，就欣喜若狂、得意忘形。这种自我满足的心态只能让自己重新回到以前，甚至变得一塌糊涂。大家都知道乌龟和兔子赛跑的故事，兔子败就败在自满。因此，我们必须提醒自己工作中切忌自满！尤其不要满足于眼前的小小成就，被既有的成绩遮蔽了广阔的视野，从而失去奋斗直前的动力。

美国通用汽车公司前总裁杰克·韦尔奇认为："员工的成功需要一系列的奋斗，需要克服一个又一个困难，而不会一蹴而就，但是拒绝自满可以创造奇迹。"

不满足于现有成绩，就要敢于质疑自己的工作。

在通用汽车公司的一次项目会议上，总经理让他的下属们针对自己的工作谈一些看法，有一个部门经理站起来慷慨陈词："我现在对自己所从事的这项工作产生了一些怀疑。在这两年之中，在首席执行官的指导下，每个部门都接到了上百个项目，许多项目都投入了大量的人力资源和资金，往往进行到中途便不了了之了，这样下去，会毁了公司的。我们难道不能抓一些大一点的项目？或者我们能不能为每一个部门分配一些不浪费人力资源和资金，又能迅速见到效益的项目？这些项目不必太多，只要能见到效益，又不会浪费我们的时间和精力，同时对我们的发展也有莫大的好处。"

这位经理的一番话，震动了总经理和在坐的各位部门经理，他们都为这位经理勇于负责的工作精神所感动。整个下午，大家都放弃了原先开会的议题，针对这位经理所提出的问题，进行分组讨论，重新制定战略目标，经过重新调整战略规划后，为公司节省了许多开支，加快了公司发展的步伐。

　　质疑自己的工作是完善自己工作的前提。敢于质疑自己的工作，才会在工作中不断培养自己的创新能力，并取得骄人的业绩。很多人都满足于自己的工作状况，习惯于按照上司的安排埋首工作，不想学习，也不对自己的工作进行详细的思考，认为自己按照上司的指令，尽职尽责地努力工作了，纵然出现了失误和漏洞，也不关自己的事。其实，这也是一种不负责任的行为，时间长了，这种行为将会让自己的头脑中充满惰性，失去创造的活力和创新的思想。

　　有些谨小慎微的员工认为，想保住自己的一切，就按照熟悉的节奏工作，不打破工作的秩序，也不轻易尝试新的方法，更不承接那些自己从来没有做过的事情。固然，循规蹈矩的人用大家习惯的做法处理自己的工作，一般不会犯大的错误，但仅做到不犯错误，是不能成为一名优秀员工的。

　　在现今这种竞争激烈的商业社会里，公司和个人都面临着巨大的压力，只有对公司持有认真负责态度的员工，在工作中不断质疑自己的工作，才能够帮助公司完善体系，适应市场变化，增强竞争力，推动公司向前行进。

学习才能持续成功

　　西点军校的约翰·科特上尉说："勇敢地面对挑战，并且大胆地采取行动，然后坦然地面对自己，检讨这项行动之所以成功或失败的原因。你会从中吸取教训，然后继续向前迈进，这种终生学习的持续过程将是你在这个瞬息万变的环境中的立足之本。"

一切事物随着岁月的流逝都会不断折旧，他们赖以生存的知识、技能也一样会折旧。唯有虚心学习，才能够掌握未来。

毕业于西点军校的ABC晚间新闻主播彼得·詹宁斯，在当了三年主播之后，做了一个很大胆的决定——他辞去人人艳羡的主播职位，转而到新闻第一线去磨炼记者的工作技能。经过几年的历练之后，他才又回到ABC主播台的位置。

虽然可以说西点学员是在最好的军校受训，但是他们仍有很强的危机感。

世界上著名企业的发展，无一不重视"学习"。美国排名前25位的企业中，80%的企业是按照"学习型团队"模式进行改造的。国内很多企业也通过创办"学习型企业"而迎来了勃勃生机。

给人一条鱼，只能让他吃一次；教会他钓鱼，才能使他一辈子不挨饿。作为团队领导，不但要自己会钓鱼，还要教会员工钓鱼，并在团队中创建一种轻松和谐、相互学习、团结协作、分享创新的氛围！只有使整个团队成为一种学习型的团队，才能使这个团队在竞争日益激烈的市场大潮中立于不败之地。

有所作为的管理者应该向通用汽车公司学习，在自己的企业建立学习型组织。善于不断学习，这是学习型组织的本质特征。

所谓"善于不断学习"，主要有四点含义：强调"终生学习"，即组织中的成员均应养成终生学习的习惯；强调"全员学习"，即企业组织的决策层、管理层、操作层都要全心投入学习，尤其是组织的决策层，他们是决定企业发展方向和命运的重要阶层，因而更需要学习；强调"全过程学习"，即学习必须贯彻于组织系统运行的整个过程之中；强调"团队学习"，即不但重视个人学习和个人智力的开发，更强调组织成员彼此之间的合作学习和群体智力（组织智力）的共同开发。

学习就是生产力，让你的员工学起来，你的员工才能具有更大的生产能力，你的企业才能获得更大的经济效益。组织员工学习，建立学习型组织，对企业而言，只是小额投入，而这种投入带来的回报却是惊人的，并且是持续的。聪明的管理者会用学习来打败对手。

彼得·圣吉的《第五项修炼》引领了企业再造的潮流。书中提到，学习型组织必须具有并能够不断强化以下五项修炼技能：

（1）自我超越。鼓励组织所有成员持续学习并扩展个人能力，不满足并突破现有的成绩、愿望和目标，创造出组织想要的结果。

（2）改善心智模式。所谓心智模式，即由过去的习惯、经历、知识结构、价值观等形成的、固定的思维方式和行为习惯。

（3）建立共同愿景。

（4）团队学习。完善的培训系统对企业的发展固然重要，但不能将团队学习简单等同于培训。培训意味着员工被动接受教育，而团队学习意味着互动，意味着组织的各层次都在思考，而不是只有高层领导在思考，其追求的是一种群策群力的组织机制，试图通过群策群力，让团队发挥出超乎个人才能总和的巨大知识能力。

（5）系统思考。学习型组织成员应具有全局意识，学会进行系统思考。正如马列主义所教导的一样，系统思维即从具体到综合、从局部到整体、从结果到原因，看问题应避免"只见树木，不见森林"，其倡导的是一种全方位的思考方式。进行系统思考修炼，即要求我们应以系统的、联系的观点去看待组织内部以及组织与外部之间的关系。

　　安于现状、不思进取的人很难做出大的成绩。只有不断进取，才能提升自己、超越自己。

送给年轻人的第 10 份礼物：全力以赴

——别只是看上去很努力

全力以赴就是永远都用百分之百的努力去做每一件事情，就是在失败了多次之后仍然有信心再试一次，就是在工作中多加一点努力。

　　成功的一切结果都是建立在全力以赴、尽职尽责做好日常工作的基础上的。不要小看一些小事，它们往往会成为决定成败的关键。所以，无论是什么工作，无论是不是大事，无论是不是你分内的事，你都应该抱着"既然做了就一定要做好"的想法。无论做什么事都怀着必胜的信念全力以赴，将引领你进入成功的殿堂。

常问自己是否全力以赴

西点人在行动之前会深思熟虑，慎加决断；而一旦选定目标，就会全力以赴，不留退路。只有百分之百的投入和勇往直前才有望获得杰出的成功。

艾森豪威尔年轻的时候，一天晚饭后，他和家人玩纸牌游戏，由于连续几次都抓到很坏的牌，他便开始抱怨。妈妈停下牌严肃地对他说："如果你要玩，就必须用你手中的牌玩下去，不管那些牌是好是坏。"

见艾森豪威尔愣住了，妈妈又说："人生也是如此，发牌的是上帝，不管怎样的牌你都得拿着，你能做的就是尽你全力，求得最好的出牌效果。"

艾森豪威尔听后顿时醍醐灌顶，好像一下子长大了。从那以后，他一直牢记母亲的教诲：人生如打牌，你没有发牌权，只有出牌权。他开始以自己最大的努力做好每一件事，从不怨天尤人、抱怨命运，就这样，使自己从一个默默无闻的家庭中，一步步地成为中校、盟军统帅，最终迈上政坛的顶峰，成为美国总统。

人生就如打牌，很多时候，很多事情，我们是没有选择权的，既然发牌权不在你的手里，那么，你能做的就只有用你手中的牌打下去，全力以赴打好。只有脚踏实地，充分利用自己的优势，挖掘自己的潜能，以百分之百的努力和百分之百的信心去迎战人生道路上的每一次挑战，尽自己所能做好每一件事，出好人生的每一张牌，才是正确的选择。除此之外，你没有任何选择！抱怨、沉沦，只会让你的人生更加黯淡。聪明的人知道选择坚强、选择认真、选择义无反顾，因为他们明白，求人不如求自己，命运不可以抱怨，因为命运就握在自己的手中！

美国前国务卿鲍威尔并非出身名门望族，原本家道贫寒。鲍威尔年轻时胸怀大志，为帮补家计，凭借自己健壮的身体，从事各种繁重的工作。

有年夏天，鲍威尔在一家汽水厂当杂工，除了洗瓶子外，老板还要他做些抹地板、清洁厂房等工作。他总是毫无怨言地认真去干。一次，有人在搬运产品中打碎了五十瓶汽水，弄得车间一地玻璃碎片和团团泡沫。按常规，这是要弄翻产品的工人清理打扫的。老板为了节省人工，要干活麻利爽快的鲍威尔去打扫。当时他有点气恼，欲发脾气不干，但一想，自己是厂里的清洁杂工，这也是分内的活。于是，鲍威尔尽力地把满地狼藉的脏物扫除揩抹得干干净净。

过了两天，厂负责人通知晋升他为装瓶部主管。自此，他记住了一条真理：凡事全力以赴，总会有人注意到自己的。

不久，鲍威尔以优异的成绩考进了军校。后来，鲍威尔官至美国参谋长联席会议主席，晋升四星上将；又曾膺任北大西洋公约组织、欧洲盟军总司令的要职；后又成了布什总统组阁的国务卿。

鲍威尔一直全力以赴地工作，在五角大楼上班时，这位四星上将往往是最早到办公室却是最迟下班的。

做完一件事之后，不论结果，先自问："在做这件事的时候，我是否全力以赴？"全力以赴就是永远都用百分百的努力去做每一件事，只有全力以赴、尽职尽责地做好目前所做的工作，才能使自己渐渐地获得价值的提升。相反，许多人在寻找自我发展的机会时，常常这样问自己："做这种平凡乏味的工作，有什么希望呢？"

可是，就是在极其平凡的职业、极其低微的岗位中，往往蕴藏着巨大的机会。只有把自己的工作做得比别人更完美、更迅速、更正确、更专注，调动自己全部的智力，全力以赴，从旧事中找出新方法，才能引起别人的注意，自己也才会有发挥本领的机会，以满足心中的愿望。

多一分付出，多一分收获

盎司是英美制重量单位，一盎司只相当于十六分之一磅（1磅≈453.6克）。美国著名投资专家约翰·坦普尔顿通过大量观察和系统研究，得出一个重要原则：多加一盎司定律——只"多加一盎司"，但所取得的成就及实质内容方面，却有天壤之别。

一个替人割草打工的男孩打电话给一位陈太太说："您需不需要割草？"

陈太太回答说："不需要了，我已有了割草工。"

男孩又说："我会帮您拔掉花丛中的杂草。"

陈太太回答："我的割草工也做了。"

男孩又说："我会帮您把草与走道的四周割齐。"

陈太太说："我请的那人也已做了，谢谢你，我不需要新的割草工人。"

男孩便挂了电话，此时男孩的室友问他："你不是就在陈太太那割草打工吗？为什么还要打这电话？"

男孩说："我只是想知道我做得有多好！"

"多加一盎司"其实并不难，我们已经付出了99%的努力，已经完成了绝大部分的工作，再多增加"一盎司"又有什么困难呢？但是，我们往往缺少的却是"多加一盎司"所需要的那一点点责任、一点点决心、一点点敬业态度和自动自发的精神。

只要比别人多用心一点，多做一点，往往就能得到更好的发展。

美国钢铁大王安德鲁·卡内基的成功则是从捡起一份额外的业务开始的。因为家庭贫寒，中学都没有读完的卡内基不得不走上社会。他的第一份工作是在匹兹堡负责递送电报。由于工资很低，他渴望能成为一名接线员，但是做接线员要求懂电报业务。为此，他晚上自学电报，每天早晨提前跑到公司，在机器上练习。有一天，公司忽然收到一份从费城发来的电报。电报异常紧急，但是当时接线员都还没有上班，于是，卡内基立刻跑去代为收了下来，并赶紧将其送到了收报人的手中。之后，他被提升为接线员，薪水也增加了一倍。由于接线员的工作相对轻松，卡内基有更多的精力用于学习商业知识，这为他后来走上商业道路，并成为钢铁大王奠定了良好的基础。

每一天，都要尽心尽力地工作，每一件小事情，都要力争高效地完成。尝试着超越自己，努力做一些分外的事情，不是为了看到老板的笑脸，而是为了自身的不断进步。即便在同一个公司或同一个职位上，机遇没有光临，但在你为机会的来临而时时准备的行动中，你的能力已经得到了扩展和加强。实际上，你已经为未来某一个时间创造出了另一个机遇。

获得成功的秘密在于不遗余力———加上那一盎司。"多加一盎司"会使你最大限度地展现自己的工作态度，最大限度地发挥你的天赋，让自身不断升值。我们往往缺少的正是"多加一盎司"所需要的那一点点责任、一点点决心、一点点敬业的态度和自动自发的精神。

有些工作可能并非是你的职责，但是如果你做了就等于播下了成功的种子。你付出多少，就得到多少。

不敢放手一搏，就不会成功

毕业于西点军校的威廉·B·富兰克林说过这样一句话："要求永远不犯错，正是什么也做不成的原因。"

几乎每一个人，在追求成功与开创事业的时候都不可避免地要遇到失败，如果我们害怕失败那么将一事无成。失败并不可怕，可怕的是找不到失败的原因。成功学家拿破仑·希尔曾经说："一个成功的人，最擅长做的事情就是探讨失败。探讨失败的原因，就是找到成功的方法。"

失败并不是可怕的事情，相反它却能带给我们经验。爱迪生曾长期埋头于一项发明。一位年轻记者问他："爱迪生先生，你目前的发明曾失败过一万次，你对此有何感想？"爱迪生回答说："年轻人，因为你人生的旅程才起步，所以我告诉你一个对你未来很有帮助的启示。我并没有失败过一万次，只是发现了一万种行不通的方法。"爱迪生发明电灯时，差不多做了一万四千次以上的实验。他发现许多方法行不通，但还是继续做下去，直到发现一种可行的方法为止。

真正的失败是什么？真正的失败是放弃，是犯了错误，但不能从中吸取教训。我们所面对的失败并不可怕，可怕的是我们就此被失败吓倒。拿破仑·希尔的朋友开发某种产品，结果卖不出去。他的朋友损失了几千美元。那个朋友富有哲学意味地说："希尔，你知道，我不想失去金钱，但是真正使我关心的是，我害怕在以后的生意中，会太谨慎而变成懦夫。如果真是那样，我的损失就更大了。"

"二战"初期美军兵败菲律宾，为了美国军人的荣誉，总统下令麦克阿瑟从丹巴岛回美国担任盟军总司令一职。棉兰老空军司令夏普将军迎接了麦克阿瑟一行，并为他们准备了一顿自撤离马尼拉之后从未奢望过的丰盛饭菜。当时，棉兰老北部仍在美菲军队控制之下，德尔蒙特机场仍可使用。但由于事先安排好的飞机未能按时到达，致使麦克阿瑟一行几经辗转才到达最终目的地墨尔本。途经阿德莱德车站时，闻讯赶来的记者们要求麦克阿瑟发表讲话，于是麦克阿瑟向他们作了恺撒式的声明：

"就我所知，美国总统命令我冲破日本人的防线，从科雷希多岛来到澳大利亚，目的是组织对日本的进攻，其中主要目标之一是援救菲律宾。我出来了，但我还要回去！"

"我还要回去"成了麦克阿瑟在第二次世界大战中的一句名言和鼓舞士气的战斗口号。它被写在海滩上，涂在墙壁上，打在邮件上，诵进祷词中。

正是因为他在西点军校的经历，强化了他永不认输的品格。

人无完人，一个人总会犯错误，也总会经历失败，畏惧失败就是毁灭进步。你若开始以失败者自居，便会真的成为失败者。"你认为自己是怎样的人，就会真的成为怎样的人。"这句格言在此处同样适用。

人生就像是一场漫长的马拉松比赛，或许有一段你落在了队伍后面，但是只要没有结束，你就有机会超越。一次的失败并不代表终身的失败，哪怕你从未获得过胜利，你依然不应惧怕失败。

爱迪生也是在经历了许多次的失败之后才找到合适的灯丝，发明了电灯，为人类带来了光明；哥伦布也是在经历了多年的等待之后才有机会带领船队发现了新大陆。

在西点军校，没有常胜将军也没有永远的失败者，生活亦是如此。现在的胜利代表的是对你过去的肯定，但不进则退，胜利者面临着他人与自我的双重挑战；而现在的失败同样只代表过去，只要继续努力，下次的胜利就有可能属于你。

没有经历过失败又怎么能感受到成功的喜悦？如果你现在正处于人生的低谷，请不要畏惧你的失败和面前的困难；如果你现在正享受胜利的喜悦，也请继续努力，还有更高的山峰等待你的攀越。

真正的力量是钢铁意志产生的

西点人做事时从不怀疑自己是否有可能成功，也从不怀疑自己的能力，因为他们只有必胜的信心和坚强的意志，只知道不断向前冲，不断向目标靠近。失败了，再爬起来继续前进就行。

所有伟大的成功者也许在其他方面有缺陷或弱点，但坚忍不拔的个性却是他们的共同特征，无论处境如何、情绪怎样、工作多么艰苦，他们都不气馁，任何困难和不幸都无法摧毁他们。过人的才华和禀赋都不如坚韧的努力更有助于造就杰出的人。

艺术家弗兰克·卡本特在白宫创作《〈独立宣言〉的签署》时曾经历了一段非常焦躁不安的时期，他问一名文职官员："与其他将军相比，格兰特让你印象最深的是什么？"那位官员回答说："他最突出的特征就是对目标勇往直前的冷静坚持。他从不轻易兴奋，但是，一旦他盯住了某样东西，那么没有任何事物能动摇他的意志力。"

"乔治城的许多好人，像瑞普雷、巴达维亚等人都努力想说明尤利西斯·格兰特将军本来是多么普通平常。"美国作家哈姆林·加兰曾经这样说，"但事实并非如此。一个13岁的孩子能够驾驶马车走600英里，穿过辽阔的土地，并且安全到达目的地；他靠着自己机械方面的才智把沉重的木头装进四轮马车，他坚持自己解决所有的数学问题；他从不抱怨、撒谎、诅咒他人或与人争吵；他能训练出一匹随他的心意飞奔或蹀步的马；他靠自己在具体事务上的知识正直地做人，而不求助于阴谋诡计或仅仅开出空头支票——这样的一个孩子，其实不会是表面看起来那么'平凡普通'。他并不懂得自我炫耀，别人很难懂得他真正的价值，这倒是实情。但他的不平凡之处在于，他性格方面的均衡发展、他天生的领悟能力、他掌握第一手知识的踏实精神以及坚持目标的习惯。

"到16岁时，格兰特就深信，向后退是一个致命的错误。因此，当他着手任何计划，或开始任何一个旅程时，就认为必须达到目标或者走到尽头。他从来都是不屈不挠和无所畏惧的。他是一个值得信任的孩子——更是一个意志坚定的家伙，能够承受严厉的打击。他说什么就是什么，从来说到做到。如果他说'我能做那件事情'，并不是说他要尝试去做那件事，而是他将想尽一切办法，直到做成为止。格兰特小时候就是一个意志坚定、足智多谋的孩子。"

坚韧的人从不会停下来怀疑自己能否成功，他唯一要考虑的问题就是如何前进、如何走得更远、如何接近目标。无论途中有高山、河流还是沼泽，他都会去攀登、去穿越。他的一切思考和行动都是为了这个终极目标。

巴顿作战有一条规则：去攻击你的目标，永远不要撤退，至少要下定决心不要撤退。因为战争只有三个原则：大胆！大胆！大胆！

坚强的意志力成就了巴顿将军，他不仅仅是获得一个头衔，西点军校还竖起了他的一座雕像。他说："当我对战斗的决心和信心犹豫不决的时候，我会义无反顾地去选择战斗。"这正是他性格特征的真实写照。

只要拥有这种坚忍不拔的精神、坚持不懈的努力，一个人就能克服所有的困难。

艾森豪威尔13岁那年，一天，在放学后奔跑回家的路上，他摔了一跤，不过只是擦破了一点皮，裤子上连个破洞都没有，应该没事。可是到了夜里，膝盖却开始疼起来。

起先他对这疼痛毫不理会，对任何人也没有提起。第二天早上起来，他照样先喂好了牲口，然后上学。可是到了第三天，病情开始恶化，他的腿疼得不得了，已经不能起床了。他母亲一看见便哭了起来："你怎么不早说呀！"

等医生做完检查，便摇头说："看来我们得锯掉这条腿了。"然而艾森豪威尔却坚决不同意："不管怎么样，你不能锯掉它。"他把哥哥埃德叫到床前，对他说："如果我神志不清的话，埃德，不要让他们锯我的腿，你发誓，埃德，发誓！"

于是，埃德便站在门口，两手臂交叉着，寸步不离。而艾森豪威尔则在嘴里咬着一把叉子，以免痛得叫出声。

整整两天两夜，埃德都守在那里，连吃饭也不离开，睡觉也是。即使艾森豪威尔已神志不清，胡言乱语，他也没有退让。医生一次次来，又一次次回，嘴里不住地叹气。最后，出于一种无助的气愤，老医生大叫一声说："你们都在看着他死！"

第三天早上，当医生又一次路过时，他看到了一个变化：那条肿腿消退下去了！

又一个夜晚，艾森豪威尔突然睁开了眼睛，他腿上的肿全消退了。

三个星期后，艾森豪威尔下了床，尽管这时他又瘦又弱，走起路来摇摇晃晃。

就这样，靠着他的勇气，靠着他的坚强意志，艾森豪威尔创造了奇迹。

许多人最终没有获得成功，不是因为能力不足、诚心不够或没有对成功的热望，而是由于缺乏足够坚强的决心。这种人做事往往虎头蛇尾，有始无终。他们常常怀疑自己到底该不该做某件事，有时他们认定一件事有绝对成功的把握，做到一半时又觉得另一件事更妥当。他们时而对现状心满意足，时而又非常不满。

西奥多·凯勒博士说："许多人缺乏一种持之以恒、不达目的誓不罢休的精神，这一点非常令人遗憾。他们不乏冲动的激情，却缺乏应有的毅力，因此显得脆弱，只有当一切都一帆风顺时，才能开展有效的工作，一遇挫折就垂头丧气、丧失信心。他们缺乏足够的独立性和创造力，往往循规蹈矩，只愿意去做别人做过的事，不敢标新立异。"

无论一个年轻人有多聪明，没有坚忍不拔的品质，就不能脱颖而出，就不会取得成功。许多人原本可以成为杰出的音乐家、艺术家、教师、律师或医生，就是因为缺乏这种杰出的品质，最终一事无成。最终的成功者是坚持到底的人，而非自命不凡者。

因此，要想在事业上取得成就，实现自己的愿望或者理想，就应该像西点军人那样，培养坚强的意志，充满自信，永不放弃，走出"不可能"这一自我否定的阴影，用信心支撑自己迈向成功与辉煌。

不认输，就表示还有机会

对许多西点军校学员来说，"兽营"和一年级的日子很不好过。因为这期间学员基本没有自主权，甚至没有人格，或者不允许学员有人格，特别是独立人格。能够忍受的，留下来；不能忍受的,请出去,绝对没有第三个选择。

带着万丈雄心走进西点军校大门的学员,很快就知道什么叫坚韧了。坚韧就是必须达到训练要求,没有任何通融,否则就将被无情淘汰。因为军事活动是真刀真枪的活动,生死相搏的时候,谁降低标准谁就失败,甚至面临死亡。同时,军事活动是充满困难的领域,不确定因素很多,比如地形复杂、气候恶劣、对手强大、部队不精、装备较差等,它们时刻围绕着指挥官,没有坚强的意志力就顶不住,就可能垮下来。因此,不管外界怎样批评西点军校,他们在设置训练的难度和强度上丝毫不减。他们提出,在这些困难面前,格兰特过去了,潘兴过去了,麦克阿瑟过去了,布莱德雷过去了……你们也要过去。

西点学员只有50%~70%能最后毕业,学员执行任务只能回答"我一定做到""我能行",最差也是"我执行""是"。

西点军校的冷峻无人不知。在标准面前多少眼泪都于事无补,甚至可能坏事,以致受到教官和同学们的轻视。对于想在西点军校立足的学员来说,教官或高年级学员的任务一下达,只有一个选择,就是完成。你需要把痛苦、劳累、磨难都装在心里,把眼泪、委屈、愤怒也装在心里,并学会把它们化作力量,冲击任务,达到标准。只要冲过去,大家就会笑脸相迎,接纳你成为一名正式的学员团成员。冲不过去,不管有多少理由,流多少眼泪,西点军校都只能与你"拜拜"。

美国人米契尔在一次机车意外事故中身上六成以上的皮肤被烧坏了,为此他动了16次手术。手术后,他无法拿起叉子,无法拨电话,也无法一个人上厕所,但以前曾是海军陆战队员的米契尔从不认为自己被打败了。他说："我完全可以掌控我自己的人生之船，那是我的浮沉，我可以选择把目前的状况看成倒退或是一个起点。"于是，他重新选定了坐标，六个月之后，他又能开飞机了。

机车意外发生的四年之后，米契尔所开的飞机在起飞时又摔回跑道，他的十二条脊椎骨全被压得粉碎，腰部以下永远瘫痪！"我不解的是为何这些事老是发生在我身上，我到底是造了什么孽？要遭到这样的报应？"

在经历了两次可怕的意外事故后，他的脸因植皮而变成一块彩色板，手指没有了，双腿细小，无法行动，只能瘫痪在轮椅上。

可米契尔仍不屈不挠，不向命运低头，他日夜努力使自己能达到最高限度的独立自主。他和两个朋友合资开了一家公司，专门生产以木材为燃料的炉子，这家公司后来变成当地第二大私人公司。他为自己在科罗拉多州买了一幢维多利亚式的房子，另外还置办了其他地产、一架飞机及一家酒吧。他致力于保护小镇的美景及环境，并被选为科罗拉多州孤峰顶镇的镇长。后来他用一句"不只是另一张小白脸"的口号，将自己难看的脸转化成一项有利的资产参加国会议员的竞选。米契尔屹立不摇的正面态度使他名声大震，美国多家知名刊物刊发了他的人物特写。

米契尔说："我瘫痪之前可以做10000件事，现在我只能做9000件，我可以把注意力放在我无法再做的1000件事上，或是把目光放在我还能做的9000件事上；告诉大家我的人生曾遭受过两次重大的挫折，如果我能选择不把挫折拿来当成放弃努力的借口，那么，或许你们可以用一个新的角度，来看待一些一直让你们裹足不前的经历。你可以退一步，想开一点，然后你就有机会说：'或许那也没什么大不了的！'"

美国西点军校几乎每年都请米契尔给新学员做报告，他的事迹激励了一代又一代西点人。西点军校用他的事迹诠释了一条校训：只要你不认输，就还有机会！

一个人想成就大事，就必须有不认输的精神，只有不认输的精神才能持之以恒地做下去，直到最后的成功。人们做事情半途而废的主要原因是人生来就有一种难以摆脱的惰性，在遇到障碍和挫折时，便会灰心丧气和畏惧不前。就像人总是愿意走下坡路而不愿走上坡路一样，走下坡路比较省力，这就是人之所以绕着困难走的原因。

许多人之所以没有取得成功，很多时候是因为他规避了失败，输给了失败。成功与失败往往只有一步或半步之差，因此成功也就从此与他无缘了。

送给年轻人的第 11 份礼物：尽职尽责

——负责的人可以改变一切

西点军校第54届毕业生得州大学校长詹姆斯·克拉克说:"责任重于生命,我们的一生也许就是为了完成一个、两个或者更多的任务,履行我们的责任,尽管有些任务不可能完成,但只要尽责,那也是一种荣誉。"对于西点人来说,推卸责任是一种耻辱。当一个国家把自己的安危交付给他们的时候,西点人觉得没有任何事情能比承担起这个责任更为重要和伟大。西点人绝不推卸自己的责任,而是勇于承担自己的责任,更把责任看成一种义务和荣誉。

尽职尽责，尽忠职守

毕业于西点军校的麦克阿瑟将军曾是西点军校的校长。《责任、荣誉、国家》是麦克阿瑟将军在西点军校发表的一篇激动人心的演讲，其中讲道："你们的任务就是坚定地、不可侵犯地赢得战争的胜利。你们的职业中只有这个生死攸关的献身，此外什么也没有。其余的一切公共目的、公共计划、公共需求，无论大小，都可以寻找其他的办法去完成；而你们就是训练好参加战斗的，你们的职业就是战斗——决心取胜。战争中最明确的认识就是为了胜利，这是什么也代替不了的。假如你们失败了，国家就要遭到破坏，唯一缠住您的公务就是责任、荣誉、国家。"

责任是西点军校对学员的基本要求。它要求所有的学员从入校的那天起，都要以服务的精神自觉自愿地去做那些应该做的事，都有义务、有责任履行自己的职责，而且在履行职责时，其出发点不应是为了获得奖赏或避免惩罚，而是出于发自内心的责任感。正是西点军校多年来向其学员实施的这种责任感的教育，为学员毕业后忠实地履行报效祖国的职责和义务奠定了坚实的思想基础。

俄国作家列夫·托尔斯泰说："如果你做某事，那就把它做好；如果不会或不愿做它，那最好不要去做。"对于员工来说，从走入企业的那一天起，你已经选择了接受，接受一份工作，接受一份责任。员工的义务便是尽职尽责，竭尽所能地把工作做好。

正如印度小说家普列姆昌德所说的："责任感常常会纠正人的

狭隘性。当我们徘徊于迷途的时候，它会成为可靠的向导。"坚守岗位，尽职尽责，不仅能够激发我们每个人最大的潜能，还能让我们及时发现潜伏着的危机和问题。

　　一家人力资源管理机构曾经做过一次这样的实验：实验的参加者们都被告知连续跑完五个四百米接力赛是他们这次行动的使命。参加实验的人被分成两个团队，每个团队又按照四人一组的方式分成若干小组，其中一个团队的各小组成员均被告知"在规定时间内跑完全部赛程，这是你们必须尽到的责任，不能尽到自己职责的人将被淘汰"。而另一个团队则没有接到任何有关责任的提示。

　　实验结果表明，第一个团队90％的小组都在规定时间内跑完了全程，另外的10％虽然超过了规定时间，但他们仍然尽全力跑完了全程。而在第二个团队中，只有20％的小组在规定时间之内跑完了全程，另外还有20％的小组跑完了全程，但是所用的时间远远超过了规定时间。

　　责任就像一座警钟，时时提醒我们兢兢业业，不可懈怠。责任又像一部发动机，永远推动我们克服困难，勇往直前。只有把责任放在心中，我们才不会放过任何一个细节，不会草率地处理任何一件事情。责任意识强的员工必定是工作认真、高度负责的人，能够在每一个岗位上做出优秀的业绩，也最容易被老板所赏识、为机会所垂青。

　　老吴是个退伍军人，几年前经朋友介绍来到一家工厂做仓库保管员，虽然工作不繁重，无非就是按时关灯、关好门窗、注意防火防盗等，但老吴却做得非常认真。他不仅每天做好来往的工作人员提货日志，将货物码放整齐，还从不间断地对仓库的各个角落进行打扫清理。

　　三年下来，仓库居然没有发生一起失火失盗案件，其他工作人员每次提货都能在最短的时间里找到所提的货物。就在工厂建厂20周年庆功会上，厂长按老员工的级别亲自为老吴颁发了5000元奖金。好多老职工不理解，老吴才来厂里三年，凭什么能够拿到这个老员工的奖项？

　　厂长看出了大家的不满，于是说道："你们知道我这三年中检查过几次咱们厂的仓库吗？一次没有！这不是说我工作没做到，其实我一直很了解咱们厂的仓库保管情况。作为一名普通的仓库保管员，老吴能够做到三年如一日地不出差错，而且积极配合其他部门人员的工作，对自己的岗位忠于职守，比起一些老职工来说，老吴真正做到了高度负责、爱厂如家，我觉得这个奖励他当之无愧！"

　　责任不像政绩一般摆在明处、轰轰烈烈，而是深藏于心，需要用耐性在岁月中逐渐沉淀。我们的工作岗位可能很平凡，所做的工作也比较枯燥单一、重复率高，但没有任何一项工作是无关紧要的，没有任何一个时刻是可以随便应付的。罗曼·罗兰说："在这个世界上，最渺小的人与最伟大的人同样有一种责任。"我们接受了一份工作，便要承担起相应的责任，对企业负责，对他人负责，同时也对自己负责。让使命感深植于心中，哪怕是在平凡的岗位上，我们也一样可以做出不平凡的业绩。

　　所以，无论我们做什么工作，处在什么岗位上，都应该尽职尽责，勇敢地承担起责任。一个人如果缺乏责任感，他就不可能以认真的态度去处理事情。很多员工总是游离在公司之外，就是因为他从来没有对公司的事情负起过责任。试想：一个不负责任的员工怎么可能具备主动精神呢？怎么可能创造出良好的业绩呢？又怎么可能赢得老板的赏识呢？

相反，如果我们像西点军校的学员们那样对企业充满责任感的话，一切就会大不相同。即使你的工作环境很困苦，但如果你能勇于承担责任，全身心地投入工作，那你最后收获的肯定不仅仅是经济上的宽裕，还有职位上的不断提升、人格上的自我完善。

责任是与生俱来的使命

爱默生说："责任具有至高无上的价值，它是一种伟大的品格，在所有价值中它处于最高的位置。"科尔顿说："人生中只有一种追求，一种至高无上的追求——就是对责任的追求。"

从本质上说，责任是一种与生俱来的使命，它伴随着每一个生命的始终。事实上，只有那些能够勇于承担责任的人，才有可能被赋予更多的使命，才有资格获得更大的荣誉。一个缺乏责任感的人，或者一个不负责任的人，首先失去的是社会对自己的基本认可，其次失去了别人对自己的信任与尊重，甚至也失去了自身的立命之本——信誉和尊严。

清醒地意识到自己的责任，并勇敢地扛起它，无论对于自己还是对于社会都将是问心无愧的。人可以不伟大，人也可以清贫，但不可以没有责任。任何时候，我们不能放弃肩上的责任，扛着它，就是扛着自己生命的信念。

责任让人坚强，让人勇敢，也让人知道关怀和理解。因为我们对别人负有责任的同时，别人也在为我们承担责任。无论你所做的是什么样的工作，只要你能认真地、勇敢地担负起责任，你所做的就是有价值的，你就会获得尊重和敬意。有的责任担当起来很难，有的却很容易，无论难与易，不在于工作的类别，而在于做事的人。只要你想、你愿意，你就会做得很好。

这个世界上所有的人都是相依为命的，所有人共同努力，郑重地担当起自己的责任，才会有生活的宁静和美好。任何一个人懈怠了自己的责任，都会给别人带来不便和麻烦，甚至是生命的威胁。

我们的家庭需要责任，因为责任让家庭充满爱。我们的社会需要责任，因为责任能够让社会平安、稳健的发展。我们的企业需要责任，因为责任让企业更有凝聚力、战斗力和竞争力。

有一个叫"责任者"的游戏。游戏规则是两个人一组，两个人相距一米远的距离。整个游戏必须在黑暗中进行，一个人向另一个人的正面平躺倒下去，另一个人站在原地不动，只是用手接着对方的肩膀，并说："放心吧，我是责任者。"接着要确保能扶住倒下者。游戏的寓意是让每个人意识到承担责任的重要性，让每个人做一个责任者。那责任到底是什么？无论一个人担任何种职务、做什么样的工作，他都对他人负有责任，这是社会法则、道德法则，还是心灵法则。

在这个世界上，每一个人都扮演了不同的角色，每一种角色又都承担了不同的责任，从某种程度上说，对角色饰演的最大成功就是对责任的完成。正是责任，让我们在困难时能够坚持，让我们在成功时保持冷静，让我们在绝望时懂得不放弃，因为我们的努力和坚持不仅仅为了自己，还为了别人。

社会学家戴维斯说："放弃了自己对社会的责任，就意味着放弃了自身在这个社会中更好生存的机会。"放弃承担责任，或者蔑视自身的责任，就等于在可以自由通行的路上自设路障，摔跤绊倒的也只能是自己。

责任就是对自己所负使命的忠诚和信守，责任就是出色地完成自己的工作，责任就是忘我的坚守，责任就是人性的升华。

古希腊雕刻家菲迪亚斯被委任雕刻一座雕像，当他完成雕像要求支付薪酬时，雅典市的会计官却以任何人都没看见菲迪亚斯的工作过程为由拒绝支付薪水。菲迪亚斯反驳说："你错了，神看见了！神在把这项工作委派给我的时候，他就一直在旁边注视着我的灵魂！他知道我是如何一点一滴地完成这座雕像的。"

菲迪亚斯相信自己的努力神看见了，同时坚信自己的雕像是一件完美的作品。

事实证明了菲迪亚斯的伟大，这座雕像在两千四百年后的今天，仍然仁立在神殿的屋顶上，成为受人敬仰的艺术杰作。

菲迪亚斯不仅出色地完成了雕像，而且还把使命的意义向人们传达出来。"使命"这个词来自拉丁语，它的意思是呼唤。它触及了工作的实质——向你发出的呼唤，表达了你是谁，你想对世界说什么。

在斯特拉特福子爵为克里米亚战争举办的晚宴上，人们做了一个游戏，军官们被要求在各自的纸片上秘密写下一个人的名字，这个人要与那场战争有关，并且要他认为此人是这场战争中最有可能流芳百世的人。结果每一张纸上都写着同一个名字："南丁格尔"。带来光明的天使——南丁格尔，她是那场战争中赢得最高名声的妇女。

下面是一段关于南丁格尔的故事：

她带着护士小分队来到了这里，在几个小时内，成百上千的伤员从前线被运了回来，而南丁格尔的任务就是要在这个痛苦嘈杂的环境中把事情弄得井井有条。不一会儿，又有更多的伤员从前线被运了回来。什么事情也没有准备好，一切都需要从头安排。而当各种事务都在有序地进行时，她自己就去处理其他更危险、更严重的事情。在她负责的第一个星期，有时她要连续站立20多个小时来分派任务。

"南丁格尔的感觉系统非常敏锐"，一位和她一起工作过的外科医生说，"我曾经和她一起做过很多非常重大的手术，她可以在做事的过程中把事情做到非常准确的程度……特别是救护一个垂死的重伤员，我们常常可以看见她穿着制服出现在那个伤员面前，俯下身子凝视着他，用尽她全部的力量，使用各种方法来减轻他的疼痛。"

一个士兵说："她和一个又一个的伤员说话，向更多的伤员点头微笑，我们每个人都可以看着她落在地面上的亲切的影子，然后满意地将自己的脑袋放回到枕头上安睡。"另外一个士兵说："在她到来之前，那里总是乱糟糟的，但在她来过之后，那儿圣洁得如同一座教堂。"

南丁格尔被誉为"护理学之母"，她创立了真正意义上的现代护理学，使护理工作成为一种受尊敬的正式社会职业。她的故事告诉我们，一个人来到世上并不是为了享受，而是为了完成自己的使命，正是在对她所热爱的护理工作的强烈使命感的驱使下，在短短三个月的时间内，她使伤员的死亡率从42%迅速下降到2%，创造了当时的奇迹。

责任就是做好你被赋予的任何有意义的事情。

坚守责任的力量

西点人勇于承担责任，在执行任务中，不论要面对多么艰巨的困难，他们都会毫不犹豫地应承下来，而非推卸责任。对西点军人来说，责任是一种义务，也是一种荣誉。西点军人历来视能够承担责任的军人为勇士，和为国捐躯一样光荣。

我们每一个人都有责任。有些责任是与生俱来的，有些责任是因为工作、朋友而产生的，这些责任是每个人推脱不掉的。

在这个世界上，没有不需承担责任的工作，相反，你的职位越高，你肩负的责任就越重。不要害怕承担责任，要立下决心，你一定可以承担任何正常职业生涯中的责任，你一定可以比前人完成得更出色。

只有认清自己的责任，才能知道该如何承担自己的责任，正所谓"责任明确，利益直接"。也只有认清自己的责任，才能知道自己究竟能不能承担责任。因为，并不是所有的责任自己都能承担，也不会有那么多的责任要你来承担，生活只是把你能够承担的那一部分给你。

在一家公司里，每个人都有自己的责任，但要注意区分责任和责任感是不一样的概念，责任是对任务的一种负责和承担，而责任感则是指一个人对待任务的态度，一个人不可能去为整个公司的生存承担责任，但你不能说他缺乏责任感。所以，认清每一个人的责任是很有必要的。

只有读懂了它，我们才能按照它的规则去做事，去全力地完成我们该完成的事情，这就是责任，也是责任所带给我们的莫大力量。因为有责任，我们不再恐慌和彷徨，做事有目标性和方向感。这就是责任给我们的益处，因此，要时刻让自己具有责任感。

西点军校学员章程规定：每个学员无论在什么时候，无论在什么地方，无论穿军装与否，也无论是在担任警卫、值勤等公务还是在进行私人活动，都有义务、有责任履行自己的职责和义务。

这样的要求是非常高的。但西点军校认为，没有责任感的军官不是合格的军官，没有责任感的员工不是优秀的员工，没有责任感的公民不是好公民。在任何时候，责任感对自己、对国家、对社会都不可或缺。正是这样严格的要求，让每一个从西点毕业的学员获益匪浅。

西点军校认为，一个人要成为一个好军人，就必须遵守纪律，有自尊心，对于他的部队和国家感到自豪，对于他的同志和上级有高度的责任感，对于自己表现出的能力有自信。我认为，这样的要求，对每一个企业的员工同样适用。

一个商人需要招聘一个小伙计，他在商店的窗户上贴了一张独特的广告："招聘：一个能自我克制的男士，每星期40美元，合适者可以拿60美元。"

每个求职者都要经过一个特别的考试。卡特也来应聘，他忐忑地等待着，终于，该他出场了。

"能阅读吗？"

"能，先生。"

"你能读一读这一段吗？"商店老板把一张报纸放在卡特面前。

"可以，先生。"

"你能一刻不停顿地朗读吗？

"可以，先生。"

"很好，跟我来。"商人把卡特带到他的私人办公室，然后把门关上。

阅读刚一开始，商人就放出6只可爱的小狗，小狗跑到卡特的脚边，相互嬉戏吵闹。许多应聘者都因受不住诱惑要看看美丽的小狗，视线离开了阅读材料，因此而被淘汰。但是，卡特始终没有忘记自己的角色，他知道自己当下是求职者，他不受诱惑一口气读完了材料。

商人很高兴，他问卡特："你在读书的时候没有注意到你脚边的小狗吗？"

卡特答道："是的，我注意到了，先生。"

"我想你应该知道它们的存在，对吗？"

"对，先生。"

"那么，为什么你不看一看它们？"

"因为你告诉过我要不停顿地读完这一段。"

"你总是遵守你的诺言吗？"

"的确是，我总是努力地去做，先生。"

商人在办公室里来回走着，突然高兴地说道："你就是我想要找的人。"

卡特是商人想要雇用的人，因为他一旦知道了自己的工作职责，就会带着强烈的责任感去完成它。

一个有责任感的员工，当他面临挑战和困难时，他会迸发出比以往强大若干倍的能力和勇气，因为他知道，很可能因为他的懦弱让企业遭受巨大的损失，只有勇敢地面对，才有可能真正担当起责任，不让企业遭受损失。这就是责任带给我们的力量，也是我们坚守它的原因。

责任就是用结果说话

在西点军校，无论从哪方面讲，对学员的评价和座位的排定都是以对他们的定量考核为基础的，而不是看他们在社交场合是否活跃。他们的体能训练成绩（如俯卧撑、仰卧起坐和两千米跑等）要计入学业等级。他们的平均学业积分要作为他们在同班同学中排名的依据——这个排名位置决定着每个人可供选择的军官职位的多少，以及每名学员在第一次分配工作时可以在多少职位间进行挑选。可以说，从报到日到毕业日，对学员的评估和界定都是以实际表现而不是以语言或社交能力为基础的。这种教育模式力图告诉学员们：在这里，结果才是最重要的！这种只重结果的思想会带入新军官第一次分配的工作中，甚至要相伴终生。作为军人，他们深知，完美复命比什么都重要。许多长期深孚众望的领导者往往都是通过持续不断的完美表现，而不是通过大声发表空洞的政治宣言来表现自己。

美西战争时，哈里中尉描述这样一个故事：

"那天，我接到上级的命令，让我们把所有人员和设备转移到距此地50千米外的一个非常偏僻的地方，去修复一座被损坏的大桥，以便能迅速恢复高地的粮食和其他物资供应。而就在要转移的时候，负责驾驶搬运挖土机的挂车的普列向我报告：'长官，我的车子刹车坏了。'我们俩对视了一会儿，彼此心里都明白，季风季节刚刚过去，受雨水和泥土浸泡的机车已受到极大的损坏，并且在这样艰苦的情况下，根本没有配件可换。但车辆没有刹车是绝对致命的。最后，我对普列说：'如果不把那个挖土机拉过去，我们在那边根本就没法工作，只有靠它才能把损坏的桥梁挪开，我们是否还有别的办法呢？'

"后来，他无奈地说：'长官，我可以试一下用引擎减速，但如果那样的话，到那边后，这辆车就彻底损坏了。'我考虑了一会儿，问道：'普列，那样的话，你能确保成功吗？'我很明白，这样就是要他用生命做代价去换取这次任务的成功，我也等着他可能拒绝的回答，到时，我就只能再去想别的解决办法——但其实已没有别的办法可想了。出乎我意料的是，普列说：'长官，我试试看吧！'

"队伍出发后，我和普列在一种极其紧张的心态下走完50千米的路程，未敢松一口气。到达目的地后，那辆车的确报废了，挖土机也完好如初。当普列走下挂车的那一刻，我看见他摇摇晃晃，似乎快要崩溃了。的确，在这以前，我从未要求过我的部属冒这么大的风险，以后也再没有过，我以普列为荣，真的！

"让普列去冒这样的生命危险，当时我的内心其实还是经过一番斗争的。我和他同在战场上出生入死，这种感情情同手足，我碰到的是一件棘手的事情——我为什么要求我的兄弟去冒这样大的危险？为什么？

"但我现在也一直认为，我那次的决定是对的，如果事情重现一次，我还会那样去做，当然这种想法并不是因为普列的平安无事，而是一种团队责任、一种集体精神、一种执行力、一种复命精神。从感情上讲，我还是很高兴，他并未因此而丧生，否则我会终生内疚。如果他牺牲了，我也不会怀疑我的决定，但我会感到自责。既然决定是对的，那我就会果断地决定去做，不管结果如何。对我来讲，这件事情是对我一生的考验。而普列选择的是服从和执行，他表现得更加伟大，并且他最后还是成功了。

"在情况紧急时发布绝对服从的命令，没有任何借口可言，这是在西点军校一点一滴地培养出来的。我们要对所有的事情不断反省、质疑、分析，然后做出合适的决定。我不知道普列当时是怎样考虑的，并决定执行的。其实，在此之前的普列并没有什么特别的地方，并且在连队中是出了名的不修边幅。但在他成功复命之后，他成了我眼中的英雄。复命的结果证明他是一个没有任何借口的人、勇于负责的人，他提升了他人生的价值，使千千万万的人从中获益。"

在工作中，我们随时会接到来自上司的命令。命令下达后，我们成了任务的"终端"承担者，任务执行与否、执行好坏、有否延误、有否变数，与我们的每一步行动息息相关。一名优秀的职员会像一名优秀的战士一样，不管任务有多艰巨，他的回答永远是"保证完成任务"！这就是一种责任的体现。

有一位伟人曾说："人生所有的履历都必须排在勇于负责的精神之后。"任何团体都不需要逃避责任的员工，同样社会也不能接纳不负责任的人。一个企业的老板在谈及他心目中的优秀员工时说："有责任意识的员工才是优秀的员工，处在某一职位、某一岗位的干部或员工，能自觉地意识到自己所担负的责任。有了自觉的责任意识之后，才会产生积极、圆满的工作效果。没有责任意识或不能承担责任的员工，不可能成为优秀的员工。"

有责任心的人懂得，只有完成任务才能说明一切，唯有优秀业绩方能证明自己。一个人不管有多高的才华、多诚的心意和多大的决心，如果没有优秀的业绩做基础，一切都将归于零。

送给年轻人的第 12 份礼物：没有不可能
——人生中没有失败，只有暂时的不成功

西点军校第 42 届毕业生工程学家乔治·格林说:"不可能只存在于你的心中,只要你能超越自己的心理极限,你会发现做什么事情都游刃有余。正是这一点成就了百年西点。"以比赛为例,西点军校队从来不会说要在某时某地与某某队比赛,而是一律宣称:"西点军校队将要在某时某地打败某某队。"连失败的任何可能性都从语言里去除了。西点军校道德品格教育的另一个突出点,是西点军校一直大力培养竞争意识、取胜精神和必胜态度。

梦想总是要有的，万一实现了呢

西点军校有一条走廊，墙上全是像艾森豪威尔一样杰出将领的事迹及画像。他们的口号是"和伟人同行"，通过这种方式来激励学员的荣誉感和成功意识。

拿破仑说过，不想当将军的士兵不是好士兵，成功的关键字眼便是"只要你愿意"五个字。

要成功，你必须要有强烈的成功的欲望，就像一个溺水的人有强烈的求生欲望，一个优秀的足球前锋最可贵的素质就是强烈的射门意识。

美国著名的田径选手卡尔·刘易斯在1984年洛杉矶奥运会开幕前就向新闻媒介透露，他立志夺得4枚金牌并打破欧文斯数年前创造的"神话"。结果，他最终如愿以偿。所以，获得一个良好的心理状态，寻求心理上的动力，很重要的一点就是要始终保持一个成功者的心态，设定自己是个成功的人物，这样，你就会发挥出极大的热情和自信去面对前进道路上遇到的种种艰难险阻。虽然你还未成功，但这种自我造就的心理成就感会促使你朝着成功的目标迈进。

几年以前，一个世界探险队准备攀登马特峰的北峰，在此之前从来没有人到达过那里，记者对这些来自世界各地的探险者进行了采访。

记者问其中的一名探险者："你打算登上马特峰的北峰吗？"他回答说："我将尽力而为。"

记者问另一名探险者："你打算登上马特峰的北峰吗？"这名探险者答道："我会全力以赴。"

记者问了第三个探险者同样的问题。他说："我将竭尽全力。"

最后，记者问一位美国青年："你打算登上马特峰的北峰吗？"这位美国青年直视着记者说："我将要登上马特峰的北峰。"

结果，最后只有一个人登上了北峰，就是那个说"我将要登上马特峰的北峰"的美国青年。他想象自己到达了北峰，事实上他的确做到了。

成功的秘诀就是，当你渴望成功的欲望就像你需要空气的愿望那样强烈的时候，你就会成功。谁拥有了自信，谁就成功了一半。对于成功者来说，他们不是想要成功，而是一定要成功。成功的第一个秘诀就是要下定决心。当一个人决定一定要怎样的时候，他的潜能才可以真正地被激发出来。

世上没有绝对不可能的事

西点军校流行着这样一句话："没有绝对不可能的事情，只要你勇敢地尝试了，你就有达成目标的可能。你要想办法创造可能性，这样事情才可能得到解决。"

巴顿作战有一条座右铭，那就是"攻击，攻击，再攻击！"在布列塔尼战役中，巴顿命令第八军冒着两翼和后方暴露的危险，向两英里外德军防守的布雷斯特进攻。这让他的众参谋们顿生疑虑，认为是铤而走险的做法，能够获胜的概率几乎为零。但巴顿却认为，只要存在一线可能，就要果断地进攻。最后的结局是，巴顿这一看似冒险的决策，使整个战局发生了根本性的变化，并最终取得了胜利。

正如一位西点人所说："只要你想，那你就一定能。"西点不需要那些"不可能"或是"我办不到"之类的话，他们要求把这些"不可能"的借口丢掉，把"不可能"视为傻瓜才用的词！世界上没有绝对不可能的事情。

西方有句名言："一个人的思想决定一个人的命运。"勇于向"不可能完成"的任务挑战，是事业成功的基础。不敢向高难度的工作挑战，是对自己潜能的画地为牢，结果使自己无限的潜能化为有限的成就，终其一生，也只能从事一些低层的平庸工作。

英特尔1968年8月在美国创立。公司一成立，就将自己定位在高科技领域，其名称的由来，就是由英文"集成电子"两个单词"integrated"和"electronic"缩写组成，象征英特尔公司在集成电路市场上乘风破浪，无往不胜。全球最大的微处理器事业部的灵魂人物、华裔副总裁虞有澄，在英特尔工作的二十多年里，他不仅在技术的深奥研究和不断创新上发挥了主导作用，而且在管理上也做出了重要贡献，成为英特尔价值的具体实践者。这位副总裁总是将学生时代学的一条物理学定律作为座右铭："非绝禁止者就有可能发生。"他认为，这条定律代表着无尽的尝试和无限的可能性。

李宁说："一切皆有可能！""不可能"只是失败者心中的禁锢，具有积极态度的人，从不将"不可能"当作一回事。

在积极者的眼中，永远没有"不可能"，取而代之的是"不，可能"。积极者用他们的意志、他们的行动，证明了"不，可能"的可能性。

克勒蒙特·史东在自己办的杂志《成功》中谈道："不必理睬向你说'不可能'这些悲观字眼的人。然后提出好的方法来证明'那种事不可能'乃是谎言。有数百万人在他们的人生中拥有能力却不能实现更高的目标，这是为什么呢？

"听到别人对他说'那种事是不可能的'，自己也就相信了，并且未曾学习和应用'积极思考法'来振奋自己。如果他们能有意识地树立积极的态度，周围纵然满是荆棘，也能在不侵犯他人权益的情况下，达到所有目标。"

伏尔泰说："不经历巨大的困难，不会有伟大的事业。"我们做每一件事，都有两道墙会出现在前方，一道是外显的墙，那是关于整个外部大环境的围墙；另一道是内隐的墙，这是我们心中的障碍，而决胜的关键往往在于我们是否能翻越心中的那一道墙。

很多人花费许多力气去找寻"没有可能成功"的原因，其实他们不知道最大的原因就来源于自己心中的障碍。当我们遇到瓶颈的时候总是容易被"不可能"画地为牢，停在原地无法再有突破。但事实上看似不可能的东西并不像我们想象中的那样没有任何解决的可能性，关键在于我们是否努力去尝试了，是否在尝试中懂得变通地解决问题。

很多时候，"不可能"其实是我们自己给自己设的一个假想敌，一个不可穿越的死亡沙漠。正如彭端淑所说的那样："天下事有难易乎？为之，则难者亦易矣；不为，则易者亦难矣。""可能"与"不可能"的分界线往往就是做与不做的区别。工作中从来就不曾有推不倒的大山、啃不动的骨头，关键就在于你是否去推了，是否去啃了，是否用对了方法。

只有想不到，没有做不到

"没有什么不可能"是美国西点军校传授给每一位学员的工作理念。它强化的是每一位学员积极动脑，想尽一切办法，付出艰辛的努力去完成任何一项任务的理念，而不是为没有完成任务去寻找托词，哪怕看似可以原谅的理由。

正是这种理念，培养了一代又一代西点人，他们带着无所畏惧的心态、冲破任何阻力的勇力、诚实执着的工作态度、负责敬业而灵活机动的思维，走出了西点，走向了各行各业的巅峰，取得了令世人瞩目的成绩。

对西点学员来说，这个世界上不存在"不可能完成的事情"。不断挑战极限是每个学员的乐趣，只有超乎常人的困境才会让他们从中得到锻炼。西点军人勇于向"不可能完成的事"挑战的精神，是获得成功的基础。正因为西点人信奉"世上没有什么不可能的事"，因此创造了许多奇迹。

李出生于弗吉尼亚州威斯摩兰郡，全名叫罗伯特·爱德华·李，为独立战争英雄亨利·李的四子。他在1825年进入西点军校就读，并于1829年在46名同学中以第二名的成绩毕业。

在刚刚参加攻打墨西哥的部队时，李还只是一个低级军官，他的上司就是温菲尔德·斯科特。

当时墨西哥军队总司令桑塔·安纳认为，美国军队在进入墨西哥境内之后，很快便会遭受当时在军队中普遍流行的黄热病的打击，抱有轻敌思想的墨军总司令把他最重要的炮火力量部署在维拉克鲁斯和墨西哥城之间的国家公路上，这显然是兵家大忌。

在斯科特的同意下，李只身一人前往这条国家公路附近查看地形，并寻找出一个可以对这个墨西哥炮兵阵地进行彻底摧毁的地点。

尽管这是一条国家公路，但是由于地形曲折复杂，李的行程并不顺利，几次都差点被墨西哥的巡逻队伍发现。好在机灵的他能够及时发现危险并顺利躲开。这一路尽是森林和灌木丛，虽然路不好走，但也适合隐蔽。

出发的第二天下午，李来到距离墨西哥阵地非常近的一个灌木丛。就在他全神贯注地观察对方的部署时，突然听到后面有说话的声音，声音很大，说的是西班牙语。很显然正在靠近他的是对方士兵，不过还好没有发现他。

李顺势躲在一根大的木头下面，两个墨西哥士兵越来越近，最后竟然在他藏身的木头上坐了下来，一边聊天一边抽烟。这一坐就是好几个小时，两个墨西哥士兵或许是太累了想多休息一阵子，不过这就苦了李，热带灌木丛里的蚊子非常猖獗，但是他却不得不忍受着。

过了几个小时，天都快黑了，这两个墨西哥士兵终于走了。李才终于得以从木头底下爬了出来，来不及休息便连夜返回驻地，向斯科特汇报了这一行程的收获。

在李的指引下，美军从山崖上将大炮用绳索放到了大峡谷，然后部队从侧翼包围了驻守在国家公路上的墨西哥炮兵部队。在遭到突然打击之后，墨西哥炮兵队仓皇撤回墨西哥城，外围的阵地在李的带领下旋即攻破了。

美军可以站在附近的山头上俯瞰墨西哥城，斯科特命令部队将该城层层包围起来，准备对墨西哥城发起最后的冲击。

但是当李巡查了整个战场之后，他发现外围的区域大都处于城内守军的炮火辐射下，美军很难取得突破，看来墨西哥城的守卫者还是下了番功夫的。

但是李却相信任何看似坚固的堡垒都有其弱点和缝隙可以突破，于是他骑马沿着墨西哥城外围再一次巡查。突然，他发现在墨西哥城的西侧有一个叫作乱石滩的地方，是一片巨大的熔岩区域，当他询问当地人能否通过这个地方时，当地人都摇头说很难。但是李想到，如果这个地点能够勉强通过的话，那么就会突然间将炮兵阵地推进到可以打击到城内的范围，从而给守城的墨西哥人以出其不意的打击，而这正是墨西哥人所没有想到的，或许他们认为美军根本不可能从这里突破。于是李一个人只身前往这个地点进行勘察，得到的结论是炮兵部队可以通过。就这样，墨西哥城的守军再一次遭到了突然打击，溃不成军，很快就投降了。

斯科特对自己下属的表现非常满意，他评价说如果这场战争没有李，将会失去很多令人惊奇的战争景况，同时美军的进展将会大打折扣。

墨西哥战争之后，罗伯特·李迅速得到升迁。1852年他开始担任西点军校校长，并且将西点军校经营得非常出色。直到1855年，李才离开西点。

　　许多的"不可能"只是常规理论下的结论，也许是因为信心不足、努力不够，或是过高估计了困难。如果罗伯特·李也像墨西哥人那样认为美军根本不可能从乱石滩突破，那么墨西哥人就不会那么快投降。一切奇迹都是建立在自身的信心之上，如果自己都不相信能够完成任务，那你就真的完不成了。

　　在西点学员眼中，从来就没有什么不敢做的事情，任何困难在他们面前都不是问题。没有经历过严酷训练的人，永远都无法体会训练的艰难。学员们在训练中不断地战胜自己，总敢于挑战原来不敢做的事情。

　　军校的生活是辛苦的。但是很多美国人认为参加军校是一种享受，他们追求的就是这样高强度的训练和对自己意志与能力的挑战，更重要的是这种磨炼让他们有了从内心深处发出的自信。

　　面对困难和挑战时，很多时候我们不是输给了困难本身，而是输给了自身对困难的畏惧。不要被困难吓倒，用平常心来对待，在任何时候，我们都要相信：没有什么是不可能的，只要我们想尽一切办法，付出艰辛的努力，就一定会把问题解决得更好。

不要被定论所左右

　　有人曾经做过这样一个实验：他往一个玻璃杯里放进一只跳蚤，发现跳蚤立即轻易地跳了出来。再重复几遍，结果还是一样。根据测试，跳蚤跳的高度一般可达到它身体的400倍左右。

　　接下来，实验者再次把这只跳蚤放进杯子里，不过这次是立即在杯上加一个玻璃盖，"嘣"的一声，跳蚤重重地撞在玻璃盖上。跳蚤十分困惑，但是它不会停下来，因为跳蚤的生活方式就是跳。一次次被撞，跳蚤开始变得聪明起来了，它开始根据盖子的高度来调整自己跳的高度。再一阵子以后，发现这只跳蚤再也没有撞击到这个盖子，而是在盖子下面自由地跳动。

第二天，实验者把这个盖子轻轻拿掉了，它还是在原来的这个高度继续地跳。三天以后，他发现这只跳蚤还在那里跳。

一周以后发现，这只可怜的跳蚤还在这个玻璃杯里不停地跳着，其实它已经无法跳出这个玻璃杯了。

生活中，是否有许多人也在过着这样的"跳蚤人生"？年轻时意气风发，屡屡去尝试成功，但是往往事与愿违，屡屡失败。几次失败以后，他们便开始不是抱怨这个世界的不公平，就是怀疑自己的能力。他们不是千方百计去追求成功，而是一再地降低成功的标准，即使原有的一切限制已取消。就像实验中的玻璃盖，虽然已被取掉，但跳蚤们早已经被撞怕了，或者已习惯了，不再跳上新的高度了。人们往往因为害怕追求成功，而甘愿忍受失败者的生活。

难道跳蚤真的不能跳出这个杯子吗？绝对不是。只是它的心里已经默认了这个杯子的高度是自己无法逾越的。

让这只跳蚤再次跳出这个玻璃杯的方法十分简单，只需拿一根小棒子突然重重地敲一下杯子；或者拿一盏酒精灯在杯底加热，当跳蚤热得受不了的时候，它就会"嘣"的一下跳出来。

人有些时候也是这样。很多人不敢去追求成功，不是追求不到成功，而是因为他们的心里也默认了一个"高度"，这个"高度"常常暗示这些人的潜意识：成功是不可能的，是没有办法做到的。而一旦打破了这个高度，不再给自己以失败的暗示，他们也能"跳"出来，也可以离成功更近。

人很容易被自己和别人所做的一些结论影响，而当我们不被它们所左右时，往往就能超越这些结论！

汽车大王亨利·福特，被誉为"把美国带到轮子上的人"。一次，他想制造一种V8型的发动机。当他把这个想法跟工程师交流后，工程师认为他的想法只能停留在图纸上，根本不可能在现实中制造出来。尽管如此，福特依然坚持说："想办法制造出来。"

工程师很不情愿地开始尝试，几个月后，他们给福特的回答是："我们无能为力。"

但福特还是依然说："继续尝试。"

一年多过去了，还是没结果。所有工程师都认为无论如何该放弃了，而福特依然坚持必须做出来。

就在这时，一位工程师突发灵感，找到了解决办法。最后终于制造出了"绝不可能"的V8发动机。

在任何时候，我们都要相信，没什么是不可能的。这样的信念将激励着你继续前进，激励着你在最困难的时候依然不放弃，激励着你努力冲破逆境的阴霾之后获得另一片灿烂天空。希望每一位同仁多一些想象，少一些刻板，多一些行动，少一些静止不动吧。

永远抱有阳光的心态

西点军校第一任校长乔纳森·威廉斯说："有时候，阻碍我们成功的主要障碍，不是我们能力的大小，而是我们的心态。"成大事者的生活之道是做一个乐观的人，一切向前看！向前看，就会看到希望和未来，就会快乐而积极地生活。也许是生活的压力太大，有些人说："活着真累。"也许是遇到的不顺的事太多，有些人说："活着真烦。"也许是对柴米油盐的平凡生活的厌倦，有些人说："活着真没劲。"

这里，有一个如何认识生活的问题，也有一个如何调整自己对待生活态度的问题。生活就是生活，它像泥土一样真实而粗糙，如果对它抱有不切实际的幻想，人们难免会失望。像自然界有风雨阴晴一样，生活也不会总是一帆风顺的。如果你对此没有思想准备，可能就会彷徨悲观。生活也不会总是充满着戏剧性的高潮，更多的时候它是平凡琐碎的，甚至显得沉闷。你怎么可能指望它天天都如狂欢节一般呢？

宋代大词人苏轼说："人有悲欢离合，月有阴晴圆缺，此事古难全。"但这并不是说生活就是一桩枯燥乏味的苦事。法国雕塑家罗丹说过："生活中不是缺少美，而是缺少发现美的眼睛。"生活里有着许许多多的美好、许许多多的快乐，关键在于我们能不能发现。而要发现它，关键在于自己。

有一个人，日子过得烦闷而无趣，他要去找那些快乐的人，问问快乐的秘诀。他想，国王尊贵而富足，一定快乐。他见到了国王，国王却说："我一天要面对那么多要处理的事，我还要时时操心王位是否牢固，我晚上觉都睡不安稳，哪有快乐可言？"他又想，流浪汉一天天无忧无虑的，一定快乐。但流浪汉却说："我连今天晚上到哪儿睡觉都没着落，我哪会快乐？"这个人搞不懂了，世界上真没有快乐的人了吗？我上哪里能找到快乐的秘诀？这时一个老者告诉他，国王也可以快乐，只要他不被权力和金钱迷住了心灵；流浪汉也可以快乐，只要他不被贫困压倒。快乐不快乐，就在你自己。

正同一枚硬币有两面一样，人生也有正面和背面。光明、希望、愉快、幸福……这是人生的正面；黑暗、绝望、忧愁、不幸……这是人生的背面。乐观的人总是能看到事物光明的一面，因而会随时扭转败局而成功。

一个人生活在世上，要敢于"放开眼"，而不向人间"浪皱眉"。"放开眼"和"浪皱眉"就是对人生两面的选择。你选择正面，你就能乐观自信地舒展眉头，迎对一切。你选择背面，你就只能是眉头紧锁，郁郁寡欢，最终成为人生的失败者。悲观失望的人在挫折面前，会陷入不能自拔的困境；乐观向上的人即使在绝境之中，也能看到一线生机，并为此而努力。

有一位银行家，在51岁的时候，财富高达数百万美元，而到52岁的时候，他失去了所有的财富，而且背上了一大堆债务。面临巨大打击，他没有颓废也没有悲观失望，而是决定要东山再起。不久，他又积累了巨额的财富。当他还清最后300个债务人的欠款后，有人问他，他的第二笔财富是怎样积累起来的。他回答说："这很简单，因为我从来没有改变从父母身上继承下来的个性，就是积极乐观。从我早期谋生开始，我就认为要以充满希望的一面来看待万事万物，永远不要在阴影的笼罩下生活。我总是有理由让自己相信，实际的情况比一般人设想和尖刻批评的情况要好得多。我相信，我们的社会到处都是财富，只要去工作就一定会发现财富、获得财富。这就是我生活成功的秘密，记住：总是要看到事物阳光灿烂的一面。这个世界应该更加光明、更加美好，如果人们懂得保持快乐是他们的责任，懂得开开心心地完成自己的职责也是他们的责任，那么，这个世界就会美妙多了。每天都快乐地生活，也是让别人幸福的最好保证。"

我们都有这样的感受：快乐开心的人在我们的记忆里会留存很长的时间。因为我们更愿意留下快乐的而不是悲伤的记忆，每当我们回想起那些勇敢且愉快的人们时，我们总能感受到一种柔和的亲切感。

"即使到了我生命的最后一天，我也要像太阳一样，总是面对着事物光明的一面。"诗人胡德说。到处都有明媚宜人的阳光，勇敢的人一路纵情歌唱。即使在乌云的笼罩之下，他们也会充满对美好未来的期待，跳动的心灵一刻都不曾沮丧悲观；不管他们从事什么行业，都会觉得工作很重要、很体面；即使他们穿的衣服褴褛不堪，也无碍于他们的尊严；他们不仅自己感到快乐，也给别人带来快乐。

拥有阳光心态，看到光明的一面，这就是我们应该给予生活的态度，只有这样，生活才会回馈给我们同样的美好。同时，当我们遭遇偶然的挫折时，不要自怨自艾，不应拘泥于"偶然"的成败，要看淡它，大不了从头再来。

附录　西点军校校训

强化知识更新，树立"终身受教育"的观念，已成为时代的呼唤。

"无知"——求知心切，永远把自己当作学生，问一些"傻"问题。

向别人学习，即使不比从书本上学习更重要，起码也是同等重要的。

一定要充分利用生活中的闲暇时光，不要让任何一个发展自我的机会溜走。

不撒谎，不欺骗，不盗窃，也绝不容忍其他人这样做。

个人要服从集体或更大的整体，服从部队，服从一个团队。

纪律和军容是我们比其他学校甚至部队要求更严格的地方。

最重要的是，在关键的时刻能够坚持原则。

恪尽职守的精神比个人的声望更重要。

世界上急需这种人才，他们在任何情况下都能克服种种阻力完成任务。

我们要做的是让纪律看守西点，而不是教官时刻监视学员。

"魔鬼"隐藏在细节中，永远不要忽视任何细节。

千万不要纵容自己，给自己找借口。

哪怕是对自己的一点小的克制，也会使自己变得强而有力。

为了赢得胜利，也许你不得不干一些自己不想干的事。

学会忍受不公平，学会恪尽职责。

只要充分相信自己，没有什么困难可以持久。

等待比做事要难得多。

要有信心，把握自己的未来。

不要沉沦，在任何环境中你都可以选择奋起。

有耐心的人无往而不利。

确信无法突破的时候，首先要选择的是等待。

如果你没有选择的话，那么就勇敢地迎上去。

职责、荣誉、国家！

以林肯为榜样，汲取他的生活经验和奋斗精神。

只要你不认输，就有机会！

要培养各方面的能力，包括承受悲惨命运的能力。

冲动，绝不是真正英雄的性格。

适应环境，而不是让环境适应你！

历经严酷的训练是完善自我的必由之路。

速度决定成败。

不要怕有疯狂的想法，只要你肯努力。

首先要建立起自信心。

胜利，是属于最坚韧的人。

要敢于战胜一切恐惧！

要感谢生活中的逆境和磨难！

主动锻炼自己，培养果决的性格。

要立即行动，不要拖延。

现实中的恐怖，远比不上想象中的恐怖那么可怕。

目标要明确，信念要坚定。

只有自己去做，才可能知道能否成功。

做一个真正勇敢无畏的人。

要战胜恐惧，而不是退缩。

失败者任其失败，成功者创造成功。

要敢于"硬干"，不要怀疑自己。

没有什么不可能——"没有办法"或"不可能"常常是庸人和懒人的托词。

成功始于觉醒，心态决定命运！

任何人，在危机来临时，都要想到打破常规。

要利用好经验，而不是受它们束缚。

要敢于异想天开。

尽量多动脑，少出力。

要保持"头脑简单"，敢于干所谓"办不到"的事情。

正确的战略战术比优势兵力更重要。